進化的アーキテクチャ
絶え間ない変化を支える

Neal Ford、Rebecca Parsons、Patrick Kua　著

島田 浩二　訳

本書で使用するシステム名、製品名は、それぞれ各社の商標、または登録商標です。
なお、本文中では ™、®、© マークは省略しています。

Building Evolutionary Architectures
Support Constant Change

Neal Ford, Rebecca Parsons, and Patrick Kua

Beijing · Boston · Farnham · Sebastopol · Tokyo

© 2018 O'Reilly Japan, Inc. Authorized Japanese translation of the English edition of "Building Evolutionary Architectures".

© 2017 Neal Ford, Rebecca Parsons, and Patrick Kua. All rights reserved. This translation is published and sold by permission of O'Reilly Media, Inc., the owner of all rights to publish and sell the same.

本書は、株式会社オライリー・ジャパンが O'Reilly Media, Inc. との許諾に基づき翻訳したものです。
日本語版についての権利は、株式会社オライリー・ジャパンが保有します。

日本語版の内容について、株式会社オライリー・ジャパンは最大限の努力をもって正確を期していますが、本書の内容に基づく運用結果について責任を負いかねますので、ご了承ください。

本書への推薦の言葉

本書には、アーキテクトの役割を果たす人物にとって大変役立つ体系的な知識やよく考えられた実践が満載だ。10年前に本書を手にできていたら、どれほど良かっただろうか。しかしながら、今こうして本書がここにあることを喜ばしく思う。

Dr. Vankat Subramaniam
受賞歴のある著者であり、Agile Developer, Inc. の創始者

ソフトウェア開発は、アップフロント計画による長期のリリースサイクルから、価値をすばやく届けるためにソフトウェアを少しずつ開発していく方法へと変わってきている。そうした変化は、早い段階でのデリバリーから得られるフィードバックによって進む方向を変えることを可能にした。本書において、著者の3人は、進化させ続けることで絶え間ない変化を可能にするアーキテクチャを作り上げる方法を説明するために、彼らの豊富な経験を役立てている。本書は、価値あるソフトウェアの迅速なデリバリーを支えなくてはならない、あらゆるソフトウェアアーキテクトにとって貴重な手引きだ。

Eoin Woods
『ソフトウェアシステムアーキテクチャ構築の原理』共著者、Endava 社 CTO

時宜を得た書籍である本書は、ソフトウェア業界の2つの主要な動向が交差したところに位置している。一つは、ソフトウェアエンジニアが、「インターネット」のペースとスケールで、デリバリーと品質に対する要求の高まりに直面しているということだ。これに対処するには、進化するアーキテクチャを構築するしかない。しかし、我々は最初から全ての答えを持っているわけでもないし、全ての答えを見つけられるだけの時間もない。もう一つは、ソフトウェアアーキテクトの役割が変化していっているということだ。現代のソフトウェアアーキテクトたちは、高度に機能するプロダクトチームの一員として実務に携わるようになってきている。今では、ソフトウェアアーキテクトは「大きな意思決定」を行う独立したグループではなくなってきているのだ。本書はこうした2つの動きに対処するだけでなく、実用的で洞察に富むアドバイスに満ちており、全てのソフトウェアエンジニアとアーキテクトにとって素晴らしい読み物だ。

Murat Erder
『Continuous Architecture』著者

訳者まえがき

よくできた戦略的設計は、正しい方向を指し示す地図となる。

——Vankat Subramaniam、Andy Hunt
『アジャイルプラクティス』

　2017年9月に出版されたNeal Ford、Rebecca Parsons、Patrick Kua著『Building Evolutionary Architectures: Support Constant Change』（O'Reilly Media, 2017）の全訳をお届けする。本書は、ソフトウェアシステムの戦略的設計、すなわちアーキテクチャ構築のあり方を一歩先に進めようという意欲を持った内容となっている。

　本書で語られる「進化的アーキテクチャ」のコンセプトは、序文を寄せているMartin Fowlerが「設計の終焉？[†1]」で提唱した「進化的設計（Evolutionary Design）」という考えの延長線上にあると見ると捉えやすい。進化的設計とは、テスト駆動開発やリファクタリング、継続的インテグレーションといった開発プラクティスを足がかりに、その都度「必要十分な設計」を行いながら、時間の経過とともに少しずつ設計を洗練させていくことで、変化に適応しようというアプローチであり、その結果として実現された設計のことをいう。

　本書をお読みいただけると分かるが、この進化的設計の説明は、そのまま進化的アーキテクチャの定義と言っても差し支えないように感じられる。ではなぜ、今新たに「進化的アーキテクチャ」というコンセプトとして改めて語る必要があるのだろうか。そこには、この20年弱における様々な変化が影響している。

　この20年弱の間に、アジャイルなソフトウェア開発プロセスやそれを支えるプラクティスは、ソフトウェア開発の現場において一般的なものとなった。そして、それ

---

†1　https://www.martinfowler.com/articles/designDead.html（日本語訳：http://objectclub.jp/community/XP-jp/xp_relate/isdesigndead）

に続く継続的デリバリーや DevOps といった IT バリューストリームを支えるプロセスやプラクティスの実践も一般的となり、その結果、システムにはビジネスが続く限り稼働しながら変化に適応し続けることが求められることになった。

そうすると、何が起こるようになったか。しっかりと IT バリューストリームを回し続けられれば、ビジネス側からの要請に応え続けることは確かに可能だ。しかし、戦術的アプローチだけでは立ちゆかない変化が起きたとしたらどうだろうか。『継続的デリバリー』の著者の 1 人である Jez Humble は、「成功を収めた製品、組織のアーキテクチャは、かならずライフサイクルの過程で必要に迫られて進化します」[†2]と語っている。適切なアーキテクチャへと進化できなかったシステムはどうなるか。それは、「コストが利益を上回るまで墜落して、死に至る」ことになる。

そこで「進化的アーキテクチャ」というわけだ。

技術や組織的なニーズに基づいてより適切なアーキテクチャに進化させる判断を下すタイミングはいつか、それをどのように行えばいいか、そのためにはどのような仕組みや理解が必要なのか。本書で、著者らは自分たちの経験を交えながら、そうした問いに答えていく。

本書は、変化に適応し続ける中でも自分たちのアーキテクチャをきちんと評価し、適切に進化させていくためのよきガイドとなってくれることだろう。

謝辞

本書の刊行に際しては多くの方々に多大なご協力をいただいた。記して感謝したい。

編集を担当いただいたオライリー・ジャパンの高恵子さんに感謝したい。『エラスティックリーダーシップ』に引き続き翻訳の機会をいただけたことに加え、思い入れの深い Neal Ford さんの著作の翻訳に再び関われたことに、深く感謝している。

翻訳にあたってレビューにご協力いただいた次の皆さんに深く感謝したい。赤松祐希さん、梅本祥平さん、岡田数馬さん、北村大助さん、設樂洋爾さん、鈴木則夫さん、髙橋健一さん、出川幾夫さん、諸橋恭介さん、和田卓人さん。本書の読みやすさは皆さんのお力添えによるものである。

2018 年 8 月

島田浩二

---

†2 『The DevOps ハンドブック』（日経 BP 社）[1] より引用

マーチン・ファウラーによる序文

　ソフトウェア産業は長い間、アーキテクチャはコードを書き始める前までに完成させるべきものである、という考えに従ってきた。建設業界に倣って、開発中に変更の必要がないことが、優れたソフトウェアアーキテクチャの証であると捉えられてきた。これは、アーキテクチャの刷新によって生じる作り直しに高いコストがかかることへの当然の反応でもあった。

　こうしたアーキテクチャの捉え方は、アジャイルなソフトウェア開発方法論の台頭によって激しく挑まれることとなった。事前に計画するというアーキテクチャに対するアプローチは、要件もコーディングが始まる前に決定されるべきという考えに基づくもので、要件にアーキテクチャが続き、それに製造（プログラミング）が続くという、段階的な（あるいはウォーターフォール型の）アプローチへとつながった。しかし、アジャイルな世界は、要件を事前に決定するというこの固定観念へと挑んだ。要件が定常的に変化するのは現代のビジネス上不可欠なことであると理解して、管理された変化を受け入れるプロジェクト計画手法を供給した。

　この新しいアジャイルな世界では、多くの人がアーキテクチャの役割に疑問を抱いた。実際、アーキテクチャを事前に計画するというアプローチは、現代のダイナミズムには適合できていなかった。一方、アーキテクチャへの取り組みには別のアプローチもあった。アジャイルなやり方で変化を受け入れるアプローチだ。この観点から考えると、アーキテクチャとは、絶え間ない懸命な取り組みの1つと言える。プログラミングと緊密に連携し、変化する要件に対応するだけでなく、プログラミングがもたらすフィードバックにも対応できるようにする取り組みだ。変化が予測できない中でもアーキテクチャは良い方向に進むことができるということを強調するため、我々はこうしたアーキテクチャを「進化的アーキテクチャ（*Evolutionary Architecture*）」

と呼ぶに至った。

ThoughtWorks において、我々はこのアーキテクチャの世界観に没頭してきた。Rebecca は 2000 年代の初めに我々の重要なプロジェクトの多くを率い、そして CTO として技術リーダーシップを発揮してきた。Neal は我々の仕事を慎重に観察し続け、学び得た教訓を組み合わせ、伝えてきた。Pat はプロジェクトの作業とあわせてテックリードの育成も行ってきた。我々はアーキテクチャは非常に重要であると常に感じており、機会を見逃すわけにはいかなかった。我々は間違いも犯したものの、そこから学び、目的に応じて多くの変化にうまく対応できるコードベースを構築する方法への理解を深めた。

進化的アーキテクチャを遂行することの核心は、小さな変更を加えること、そして、システムがどう発展していくかから誰もが学べるフィードバックループを導入することだ。継続的デリバリーの登場は、進化的アーキテクチャを実用的にするうえで必要不可欠な要素だった。著者の 3 人は、アーキテクチャの状態を監視するために、適応度関数という概念を用いる。アーキテクチャの進化可能性に関する様々なやり方を模索し、長い間生き続けるデータという無視されることの多い問題を重視する。コンウェイの法則は議論の大部分を占めている。

我々はこれまで、進化的なスタイルでソフトウェアアーキテクチャを実践することについて多くのことを学んできていると確信している。本書はその理解の現在地に関する重要なロードマップだ。多くの人々が 21 世紀におけるソフトウェアシステムの中心的な役割に気付いていく中で、足元を維持しながら変化に対応する最良の方法を理解することは、ソフトウェアリーダーにとって不可欠なスキルとなるだろう。

マーチン・ファウラー
martinfowler.com
2017 年 9 月

はじめに

本書の表記

本書では、次の表記を使用する。

太字（Bold）
 強調、参照先、新しい用語などを示す。

等幅（Constant width）
 変数や関数の名前、データベース、データ型、環境変数、文、キーワードなどのプログラム要素とプログラムリストに使用する。

 小さなテクニックや、ちょっとしたうんちくを表す。

お問い合わせ

本書に関する意見、質問等は、オライリー・ジャパンまでお寄せいただきたい。連絡先は次の通り。

 株式会社オライリー・ジャパン
 電子メール japan@oreilly.co.jp

オライリーがこの本を紹介する Web ページには、正誤表やコード例などの追加情報が掲載されている。次の URL を参照のこと。

http://shop.oreilly.com/product/0636920080237（原書）
http://www.oreilly.co.jp/books/9784873118567（和書）

この本に関する技術的な質問や意見は、次の宛先に電子メール（英文）を送付いただきたい。

bookquestions@oreilly.com

オライリーに関するその他の情報については、次のオライリーの Web サイトを参照してほしい。

http://www.oreilly.co.jp
http://www.oreilly.com/（英語）

追加情報

著者が本書の手引きとなる Web サイトを用意している。

http://evolutionaryarchitecture.com

謝辞

Neal の謝辞

ここ数年の間にこの活きた題材を磨いたり見直したりするのを助けてくれてきた、様々なカンファレンスの参加者全員に感謝する。また、期待をはるかに超える優れたフィードバックと助言をくれたテクニカルレビューアの方々、特に Venkat Subramanium、Eoin Woods、Simon Brown、Martin Fowler に感謝する。そして洞察につながる気晴らしをいつも提供してくれた猫、Winston、Parker、Isabella にも感謝する。それから友人の John Drescher と彼の ThoughtWorks の同僚たち、ずる

賢い耳 Norman Zapien、年 1 回の休暇グループ Pasty Geeks、近所のカクテルクラブの助けと友情にも感謝したい。最後に家族。出張をはじめとする仕事に伴う冷遇に笑顔で耐えてくれている辛抱強い妻に感謝したい。

Rebecca の謝辞

　長年にわたってアイデアやツール、手法に貢献したり、進化的アーキテクチャの分野で明快な質問を問いかけたりしてきた、全ての同僚、カンファレンスの参加者、スピーカー、著者の方々に感謝する。また、Neal と同じく、注意深く読んでコメントをくれたテクニカルレビューアの方々に感謝する。さらに、執筆を共に進める間に啓発的な会話や議論をしてくれた共著者にも感謝する。特に数年前に創発的アーキテクチャと進化的アーキテクチャの差異について大きな議論や討論を行った Neal に感謝したい。本書の考えは最初の会話以来、長い道のりを歩んでやってきたものだ。

Patrick の謝辞

　必要性を掻き立て、進化的アーキテクチャを構築する上での考えを明確にするためのテストベッドを提供してくれた、ThoughtWorks の同僚や顧客みんなに感謝する。また、Neal や Rebecca と同様、本書を大幅に改善するのを助けてくれたテクニカルレビューアの方々に感謝する。最後に、ここ数年について共著者に感謝したい。様々なタイムゾーンとフライトにもかかわらず、直にミーティングを行う稀有な機会を作ってくれ、このトピックについて緊密に作業してくれたことに感謝している。

目　次

本書への推薦の言葉 v

訳者まえがき vii

マーチン・ファウラーによる序文 ix

はじめに xi

1章　ソフトウェアアーキテクチャ 1

1.1　進化的アーキテクチャ 3

　　1.1.1　全てがひっきりなしに変化していく中で、長期的な計画が
　　　　　どれくらい可能か 3

　　1.1.2　いったん構築したアーキテクチャを経年劣化から防ぐには
　　　　　どうすればよいか 7

1.2　漸進的な変更 8

1.3　誘導的な変更 9

1.4　アーキテクチャの多重な次元 10

1.5　コンウェイの法則 14

1.6　なぜ進化なのか 17

1.7　まとめ 18

2章　適応度関数 19

2.1　適応度関数とは 21

2.2　分類 23

　　2.2.1　アトミック vs ホリスティック 24

　　2.2.2　トリガー式 vs 継続的 25

　　2.2.3　静的 vs 動的 25

	2.2.4	自動 vs 手動	26
	2.2.5	一時的なもの	27
	2.2.6	創発よりも意図的	27
	2.2.7	ドメイン特化なもの	27
2.3		早い段階で適応度関数を特定する	28
2.4		適応度関数を見直す	30

3章 漸進的な変更を支える技術　　33

3.1		構成要素	37
	3.1.1	テスト可能	39
	3.1.2	デプロイメントパイプライン	41
	3.1.3	適応度関数の分類を組み合わせる	46
	3.1.4	ケーススタディ：60回/日のデプロイごとのアーキテクチャ再構築	48
	3.1.5	目標の衝突	52
	3.1.6	ケーススタディ：PenultimateWidgetsの請求書発行サービスに適応度関数を追加する	52
3.2		仮説駆動開発とデータ駆動開発	55
3.3		ケーススタディ：移植するのは何か	58

4章 アーキテクチャ上の結合　　59

4.1		モジュール性	59
4.2		アーキテクチャ量子と粒度	60
4.3		アーキテクチャスタイルの進化可能性	64
	4.3.1	巨大な泥団子	65
	4.3.2	モノリス（一枚岩）	67
	4.3.3	イベント駆動アーキテクチャ	76
	4.3.4	サービス指向アーキテクチャ	81
	4.3.5	「サーバーレス」アーキテクチャ	96
4.4		量子の大きさをコントロールする	99
4.5		ケーススタディ：コンポーネント循環を防ぐ	100

5章　進化的データ **103**

5.1　進化的なデータベース設計 103

　　5.1.1　スキーマを進化させる 104

　　5.1.2　共有データベース統合 106

5.2　不適切なデータ結合 111

　　5.2.1　2相コミットトランザクション 113

　　5.2.2　データの年齢と質 115

5.3　ケーススタディ：PenultimateWidgets のルーティングを

　　進化させる 116

6章　進化可能なアーキテクチャの構築 **119**

6.1　仕組み 119

　　6.1.1　① 進化の影響を受ける次元を特定する 119

　　6.1.2　② それぞれの次元に対して適応度関数を定義する 120

　　6.1.3　③ デプロイメントパイプラインを使って適応度関数を

　　　　　自動化する 120

6.2　グリーンフィールドプロジェクト 121

6.3　既存のアーキテクチャを改良する 122

　　6.3.1　適切な結合と凝集 122

　　6.3.2　開発プラクティス 123

　　6.3.3　適応度関数 123

　　6.3.4　COTS との関わり合い 124

6.4　アーキテクチャの移行 126

　　6.4.1　移行手順 127

　　6.4.2　モジュール相互作用を進化させる 130

6.5　進化的アーキテクチャ構築のための手引き 134

　　6.5.1　不要な変数を取り除く 135

　　6.5.2　決定を可逆にする 138

　　6.5.3　予測可能ではなく進化可能を選ぶ 139

　　6.5.4　腐敗防止層を構築する 140

　　6.5.5　ケーススタディ：サービステンプレート 142

　　6.5.6　犠牲的アーキテクチャの構築 144

目次 | **xvii**

| | 6.5.7 | 外部の変更を軽減する | 146 |

6.5.8 ライブラリのアップデートとフレームワークの
アップデート 148

6.5.9 スナップショットよりも継続的デリバリーを選ぶ.............150

6.5.10 内部的にサービスをバージョン付けする 151

6.6 ケーススタディ：PenultimateWidgets の評価サービスの進化........152

7章 進化的アーキテクチャの落とし穴とアンチパターン...............155

7.1 技術アーキテクチャ..155

7.1.1 アンチパターン：ベンダーキング 155

7.1.2 落とし穴：抽象化の欠如 157

7.1.3 アンチパターン：ラスト 10% の罠 160

7.1.4 アンチパターン：コード再利用の乱用.........................162

7.1.5 ケーススタディ：PenultimateWidgets における再利用 164

7.1.6 落とし穴：レジュメ駆動開発 165

7.2 漸進的な変更...166

7.2.1 アンチパターン：不適切なガバナンス........................166

7.2.2 ケーススタディ：PenultimateWidgets における
ゴルディロックスガバナンス 169

7.2.3 落とし穴：リリース速度の欠如 170

7.3 ビジネス上の関心事..172

7.3.1 落とし穴：製品のカスタマイズ 172

7.3.2 アンチパターン：レポート機能 173

7.3.3 落とし穴：計画範囲 175

8章 進化的アーキテクチャの実践 177

8.1 組織的要因...177

8.1.1 機能横断型チーム 177

8.1.2 ビジネス能力を中心とした組織化...............................180

8.1.3 プロジェクトよりもプロダクト 181

8.1.4 外部変化の取り扱い 182

8.1.5 チームメンバー間の結びつき 184

8.2	チーム結合特性	185
	8.2.1 文化	185
	8.2.2 実験の文化	187
8.3	CFO と予算	189
8.4	企業規模の適応度関数を構築する	191
	8.4.1 ケーススタディ：プラットフォームとしての PenultimateWidgets	192
8.5	どこから始めるか	193
	8.5.1 低い位置にぶらさがったフルーツ	193
	8.5.2 最大限の価値	193
	8.5.3 テスト	194
	8.5.4 インフラストラクチャ	195
	8.5.5 ケーススタディ：PenultimateWidgets における エンタープライズアーキテクチャ	196
8.6	将来の展望	197
	8.6.1 AI を使った適応度関数	198
	8.6.2 生成的テスト	198
8.7	なぜやるか（あるいは、なぜやらないか）	198
	8.7.1 企業が進化的アーキテクチャの構築を決断すべきなのは なぜか	198
	8.7.2 ケーススタディ：PenultimateWidgets における 選択的なスケール	201
	8.7.3 企業が進化的アーキテクチャの構築を決断すべきでない のはなぜか	203
	8.7.4 他者の説得	205
	8.7.5 ケーススタディ：コンサルティング柔道	205
8.8	ビジネスケース	206
	8.8.1 「未来はすでにここにある」	206
	8.8.2 壊すことなく素早く動く	206
	8.8.3 リスクを減らす	207
	8.8.4 新しい能力	207
8.9	進化的アーキテクチャの構築	207

参考文献 209

索引 212

コラム目次

PenultimateWidgets の紹介と、彼らが逆コンウェイ戦略を取る機会 16

PenultimateWidgets とエンタープライズアーキテクチャスプレッドシート 30

継続的インテグレーション vs デプロイメントパイプライン 41

PenultimateWidgets のデプロイメントパイプライン 43

本番環境における QA 45

ドメイン駆動設計の境界づけられたコンテキスト 60

モノリシックな Listing 63

「無共有」と適切な結合 92

DBA、ベンダー、ツールチェイン 112

リファクタリングと再構築 124

スノーフレークの危険性 137

インターネットを壊した 11 行のコード 147

IBM のサンフランシスコプロジェクト 161

強制的な分離 168

DevOps の自動化による新しいリソースの発見 179

Amazon の「2 枚のピザ」チーム 182

ケーススタディ：オープンソースライブラリの合法性 191

インフラストラクチャはアーキテクチャに影響を与える 195

1章
ソフトウェアアーキテクチャ

　開発者たちは、簡潔で必要十分なソフトウェアアーキテクチャの定義をつくることにずっと奮闘してきた。その範囲が大きく、絶えず変化しているからだ。Ralph Johnson は、広く知られているように、ソフトウェアアーキテクチャのことを「（それが何であれ）重要なもの」と定義した。アーキテクトの仕事とは、（それが何であれ）重要なものを全て理解し、釣り合いを取ることだ。

　アーキテクトが最初にやるべき仕事は、解決案のためにビジネスやドメインの要件を理解することだ。たしかに、これらの要件は問題を解決するためにソフトウェアを利用する動機ではある。しかし、突き詰めれば、これらはアーキテクトがアーキテクチャを作り上げる際に熟考すべき要素の一つにすぎない。アーキテクトは、他にも数多くの要素を考慮しなくてはならない。その中には明確なもの（パフォーマンスに関する SLA など）もあれば、ビジネスの性質的に不明確なもの（会社が合併や買収に乗り出しているなど）もある。したがって、ソフトウェアアーキテクチャづくりには、あらゆる関心事が釣り合う解決策を探るためにビジネスやドメインの要求をその他の重要な要素と共に分析するという、アーキテクトの技能が欠かせない。ソフトウェアアーキテクチャのスコープは、**図1-1** に示す要素全ての組み合わせから形成される。

　図1-1 に示すように、ビジネスやドメインの要件は、（アーキテクトによって定義される）他のアーキテクチャ上の関心事とともに存在する。これには、ソフトウェアシステムを構築する際の「何を」や「どうやって」といった判断をひっくり返す可能性のある広範な外部要因が含まれる。それらの一部を抽出したものを**表1-1** に示す。

1章 ソフトウェアアーキテクチャ

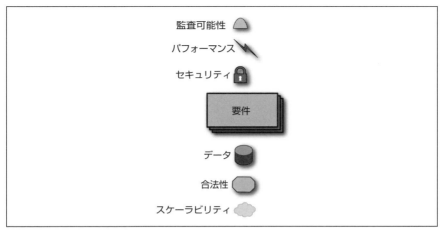

図1-1　アーキテクチャの全体像は要件と「〜性」を包含する

表1-1　「〜性」の部分的なリスト

アクセス可能性	説明責任	正確さ	順応性	運営可能性
入手可能性	アジャイルさ	監査可能性	自律性	可用性
互換性	構成可能性	設定可能性	正当性	信用性
カスタマイズ可能性	デバッグ可能性	縮退可能性	決定可能性	論証可能性
信頼性	デプロイ可能性	発見可能性	配布可能性	耐久性
有効性	効率性	使いやすさ	拡張性	故障透明性
耐障害性	忠実性	柔軟性	検査性	導入可能性
完全性	相互運用性	学習可能性	保守性	管理可能性
可動性	修正可能性	モジュール性	操作性	直交性
可搬性	精度	予測可能性	処理可能性	生産可能性
証明可能性	復元可能性	適合性	信頼性	繰り返し可能性
再現可能性	回復性	応答性	再利用性	堅牢性
安全性	スケーラビリティ	シームレスさ	自立性	有用性
保全性	簡潔性	安定性	標準準拠性	生存可能性
持続可能性	調整可能性	テスト可能性	適時性	追跡可能性

ソフトウェアを構築するとき、アーキテクトはこれらの「〜性」の中で最も重要なものを決定しなければならない。しかし、これらの要素の多くは互いに相反している。例えば、高いパフォーマンスと極端なスケーラビリティの両方を実現するのは困難な場合がある。両方の要件を満たすには、アーキテクチャや運用、それ以外の多くの要素とで慎重に釣り合いを取る必要がでてくるからだ。結果的に、アーキテクチャ設計で必要となる分析や競合する要素間の必然的な衝突では、釣り合いを取ることは避けられない。しかし、アーキテクチャに関する決定それぞれのメリットとデメリットの釣り合いを取ることは、アーキテクトを嘆かせるトレードオフを生じさせる。近年、ソフトウェア開発で中心的な開発プラクティスの1つとなっている漸進的な開発は、アーキテクチャが時の経過とともにどう変化するかや、アーキテクチャが進化していく中で重要なアーキテクチャ特性をどう保護するかについて、再考のための基礎を築いてきた。本書は、そうして再考した内容と、アーキテクチャと時間の経過についての新たな考え方を結び付けるものだ。

ここで我々はソフトウェアアーキテクチャに新たな標準となる「〜性」を付け加えたい。それは**進化可能性**だ。

1.1 進化的アーキテクチャ

最善の努力を尽くしたとしても、ソフトウェアは時間が経つにつれて変更が難しくなっていく。そして、様々な理由から、ソフトウェアシステムを構成する部品は容易な修正を拒否するようになり、時間とともに、より壊れやすく、より扱いにくくなっていく。ソフトウェアプロジェクトにおける変更は、通常は機能やスコープの再評価に基づいて行われる。しかし、アーキテクトや長期的な計画立案者の支配の及ばない類の変化もある。アーキテクトは将来を見据えた戦略的な計画を行いたいものだが、絶えず変化するソフトウェア開発エコシステムはそれを難しくする。変化や変更は避けることができない。そのため、我々はそれを活用する必要がある。

1.1.1 全てがひっきりなしに変化していく中で、長期的な計画がどれくらい可能か

生物学の世界では、自然的理由と人為的理由の両方によって絶え間なく環境が変化している。例えば、1930年代初頭、オーストラリアではサイカブト[†1]の問題があり、

---

†1　訳注：サトウキビを食べるカブトムシ

サトウキビの生産量と収穫量が悪化した。それに対し、1935年6月にオーストラリア・サトウキビ試験場事務局は、当時南部アメリカと中部アメリカにしか生息していなかったオオヒキガエルを、サイカブト駆除のため移入した[†2]。オオヒキガエルは、ある程度の数まで繁殖された後、1935年の7月と8月に北クイーンズランドへと放たれた。その有毒な皮を持つ捕食者は、移入された先で爆発的に増加し、今日では2億匹が生息するとされている。ここから得られる教訓は、高度に動的な（エコ）システムに変化を取り込むことは、予期しない結果を生じさせる可能性があるということだ。

　ソフトウェア開発エコシステムは、ツール、フレームワーク、ライブラリ、ソフトウェア開発の技芸が蓄積したベストプラクティスといった、あらゆるものから構成される。このエコシステムは、開発者がその中で物事を理解したり何かを構築したりできる、まるで生態系のような平衡を形成する。しかし、その平衡は動的だ。新しいことが絶えずやってきては、新たな平衡が現れるまでそのバランスを崩すことになる。一輪車の乗り手が箱を運んでいるところを思い浮かべてほしい。乗り手は直立姿勢を保とうと調整を続けるため**動的**であり、バランスを維持し続けるためにその状態は**平衡**だ。ソフトウェア開発エコシステムでは、新しいイノベーションやプラクティスが現状を乱し、新しい平衡の確立を強制する可能性がある。先ほどの比喩で言うなら、一輪車の乗り手の荷物の上により多くの箱を放り続け、乗り手がバランスを再確立することを強制し続けるということだ。

　いろいろな意味で、アーキテクトは不安定な一輪車の乗り手に似ている。アーキテクトは変化する状況に対して絶えずバランスを取り、順応している。継続的デリバリーを支える技術的なプラクティスは、その平衡における構造の変化を示す一例だ。継続的デリバリーは、運用のようなサイロ化された機能をソフトウェア開発のライフサイクルに組み込むことで、**変化**が意味することに新しい見方を与えた。エンタープライズアーキテクトはもはや、定まって動かせない5か年計画を当てにする必要はない。ソフトウェア開発の領域全体が時とともに進化し、長期的な計画は全て潜在的な問題へと変わるからだ。

　事情をよく分かっている熟練者であっても、破壊的な変化を予測することは困難

[†2] Clarke, G. M., Gross, S., Matthews, M., Catling, P. C., Baker, B., Hewitt, C. L., Crowther, D., & Saddler, S. R. 2000, Environmental Pest Species in Australia, Australia: State of the Environment, Second Technical Paper Series (Biodiversity), Department of the Environment and Heritage, Canberra.

1.1　進化的アーキテクチャ　｜　**5**

だ。Docker[†3] のようなツールを介したコンテナ技術の台頭は、予測不可能な業界の変化の一例だ。しかし、小さく漸進的な一連の段階を見ていくことでコンテナ技術の台頭を追跡はできる。かつて、オペレーティングシステム、アプリケーションサーバー、その他のインフラ技術は、商用製品であり、ライセンスと高額の費用が必要だった。その時代に設計されたアーキテクチャの多くは、共有リソースの効率的な使用に重点を置いていた。そのうちに、Linux が多くのエンタープライズ領域で十分に機能するようになり、オペレーティングシステムの**金銭面の**コストをゼロへと変えた。次に、Puppet[†4] や Chef[†5] などのツールを使った自動プロビジョニングといった DevOps の実践が、Linux を**運用面から**自由にした。いったんエコシステムが自由になり、広く使われるようになると、一般的なポータブル形式を中心とした統合が起こることは必然だった。その結果が、Docker だ。しかし、コンテナ技術はその結論へと至る全ての進化的ステップがなければ起こり得なかった。

　我々が使用しているプログラミングプラットフォームも、絶えず進化するものの一例だ。プログラミング言語の新しいバージョンは、新しい問題への順応性や適用可能性を高めるために、より優れたアプリケーションプログラミングインターフェイス（API）群を提供する。そして新しいプログラミング言語もまた、異なるパラダイムや異なる構造の集合を提供する。例えば、C++ の代わりに Java が広く導入されたのは、Java がネットワークプログラミングやメモリ管理の問題を解くことを容易にするからだ。過去 20 年を見ると、多くの言語が API を継続的に進化させていっている一方で、まったく新しいプログラミング言語が定期的に現れては新しい問題に取り組んでいるように見える。そうしたプログラミング言語の進化の様子を**図1-2** に示す。

　プログラミングプラットフォーム、言語、動作環境、永続化技術などのソフトウェア開発の特定の側面にかかわらず、業界やコミュニティは絶え間ない変化を期待している。技術的もしくはドメインにおける景観の変化がいつ起こるのか、またどの変化が持続するのかを予測することはできない。しかし、変化が避けられないこともわかっている。したがって、我々は技術的な景観が変わるであろうことをふまえてシステムを設計しなくてはならない。

---

†3　https://www.docker.com/
†4　https://puppet.com/
†5　https://www.chef.io/

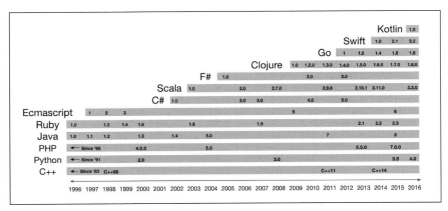

図1-2　代表的なプログラミング言語の進化

　エコシステムが予期しない方法で絶えず変化し、その予測が不可能なのだとすると、計画を固定化することの**代わり**には何があるだろうか。エンタープライズアーキテクトをはじめとして、開発者は順応することを学ぶ必要がある。長期的な計画を立てる背景にある従来の根拠の1つは、財務にあった。ソフトウェアの変更は高価だったのだ。しかし、手動プロセスの自動化やDevOpsをはじめとする開発プラクティスの進歩は、変更を安価にすることによってその前提を無効化した。

　何年もの間、多くの賢明な開発者は、システムのいくつかの部分がそれ以外の部分に比べて変更が難しいことを認識していた。それが、ソフトウェアアーキテクチャが「後で変更するのが難しい部分」と定義された所以だ。この便利な定義は、本当に難しい変更から労力を費やすことなく変更できる部分を分割したものだった。しかし、残念ながら、この定義もまたアーキテクチャについて考える際の盲点へと発展した。変更が難しいという開発者による前提は、自己達成的予言となった。

　数年前、革新的なソフトウェアアーキテクトの何人かが、新しい観点から「後で変更するのが難しい」問題を再考した。もしアーキテクチャに変更可能性を組み込めたらどうなるだろうか。つまり、**変更しやすさ**がアーキテクチャの基盤原理であるなら、変更はもはや困難ではないということになる。アーキテクチャに進化可能性を構築することは、まったく新しい一連の振る舞い全体を出現させ、動的平衡のバランスを再び失わせる。

　エコシステムが変化しないとしても、アーキテクチャ特性が段階的に浸食されうることについては考えなくてはならない。アーキテクトは設計したアーキテクチャの上

にソフトウェアを実装することで、それらを厄介な現実世界へとさらす。我々はアーキテクチャ上の重要だと定めた箇所をどのように保護できるだろうか。

1.1.2 いったん構築したアーキテクチャを経年劣化から防ぐにはどうすればよいか

多くの組織では、ビットロット[†6]と呼ばれる残念な腐敗がよく発生する。アーキテクトは、何らかのアーキテクチャパターンを選び、ビジネス要件や「〜性」に対処しようとする。しかし、それらの特性が知らず知らず経年劣化を起こすことがよくあるのだ。例えば、アーキテクトがレイヤ化アーキテクチャを作成したとする。プレゼンテーション層と永続化層の間に複数のレイヤがあるレイヤ化アーキテクチャだ。すると、そのうちにレポート機能を開発している開発者が、パフォーマンス上の理由から、中間層をバイパスしてプレゼンテーション層から永続化層に直接アクセスする許可を求めるということが起きる。アーキテクトは変更を分離するためにレイヤ化アーキテクチャを採用したわけだが、こうして開発者がレイヤをバイパスし結合を増やすことで、元々あったレイヤ化の狙いを無効化してしまう。

重要なアーキテクチャ特性を定義した後、どうすればそれらの特性が腐敗しないように**保護**できるだろうか。アーキテクチャ特性として**進化可能性**を加えるということは、システムが進化していく中で他の特性を保護するということを意味している。例えば、アーキテクトがスケーラビリティを考慮してアーキテクチャを設計したとするなら、システムの進化に伴ってその特性が低下するのは望ましくない。すなわち、**進化可能性**とはメタ特性だ。他の全てのアーキテクチャ特性を保護するアーキテクチャのラッパーだ。

本書では、進化的アーキテクチャの副次的効果が、重要なアーキテクチャ特性を保護する仕組みであることを示していく。そして、**継続的な**アーキテクチャの背後にある考え方についても探っていく。その考え方とは、最終状態を持たず、絶えず変化していくソフトウェア開発エコシステムとともに進化するよう設計されたアーキテクチャを構築するということ、そしてそこに重要なアーキテクチャ特性を保護する機構を組み込むということだ。我々はソフトウェアアーキテクチャ全体を定義しようとは考えていない。ソフトウェアアーキテクチャについては、すでに多くの定義が存在し

[†6] 訳注：ビットロットとは、元は HDD 上に磁気記録されているビットが経年劣化して読み取れなくなる障害のこと。そこから派生して、経年劣化の比喩として使われる。

ている[7]。本書では、現在のソフトウェアアーキテクチャの定義を拡張する代わりに、第一級のアーキテクチャ要素として時間と変化を加えることに焦点を当てる。

我々は進化的アーキテクチャを以下のように定義する。

> 進化的アーキテクチャとは、複数の次元にわたる漸進的で誘導的な変更を支援するものである。

1.2 漸進的な変更

漸進的な変更とは、ソフトウェアアーキテクチャの2つの側面を表現している。チームがどう漸進的にソフトウェアを構築するかと、それをどう漸進的にデプロイするかだ。

開発時には、小さく漸進的な変更を可能にするアーキテクチャが進化しやすい。開発者がより小さな変更範囲を受け持つからだ。デプロイメントでは、漸進的な変更には、ビジネス機能のモジュール性や疎結合化の度合い、そしてそれらがアーキテクチャへどう対応付けられているかが影響する。しかるべき例を示そう。

PenultimateWidgets という大手の部品販売業者がいるとする。同社にはマイクロサービスアーキテクチャと最新の開発プラクティスに支えられたカタログページがある。このページの機能の1つに、ユーザーが様々な部品を星評価できる機能がある。同社のビジネスの他のサービスでも評価機能（顧客サービス担当者や配送業者の格付けなど）が必要なため、それらのサービスは全て、この星評価サービスを共有している。ある日、星評価サービスのチームは、既存のバージョンと並行して、星半分での評価を可能にする新しいバージョンをリリースする。小さいが、大きな影響を与える改修だ。評価機能を使用している他のサービスが新しいバージョンに移行することは必須ではなく、都合がつき次第徐々に移行していく。PenultimateWidgets における DevOps の実践には、個々のサービスだけでなく、サービス間の経路の監視アーキテクチャも含まれている。それによって、特定の期間内に特定のサービスへ誰もルーティングしていないことを運用グループが検知すれば、そのサービスは自動的にエコシステムから切り離される。

これがアーキテクチャレベルでの漸進的な変更の例だ。他のサービスが必要とする限り、元のサービスも新しいサービスと並行して実行できる。チームは新しい振る舞

---

[7]　https://martinfowler.com/ieeeSoftware/whoNeedsArchitect.pdf

いへ自由に（必要に応じて）移行でき、古いバージョンは自動的にガベージコレクションされる。

漸進的な変更を成功させるには、わずかばかり継続的デリバリーの実践を協調させる必要がある。全てのケースで全ての実践が必要とされるわけというわけではなく、自然といくつかの実践を一緒に行うことになる。漸進的な変更を実現する方法については3章で説明する。

1.3　誘導的な変更

重要な特性を選択すると、アーキテクトはそれらの特性を保護するためにアーキテクチャの変更を**誘導**したいと考える。その目的のため、我々は「**適応度関数（Fitness Function）**」と呼ばれる進化的計算の概念を拝借する。適応度関数とは、見込みのある設計解がどれだけ目的の達成に近づいているかを要約するために使われる目的関数だ。進化的計算では、適応度関数はアルゴリズムが時間経過とともに改善されたかどうかを評価する。言い換えると、アルゴリズムの各変形が生成されるごとに、適応度関数はアルゴリズムの設計者が「適応」をどう定義したかに基づいて、その変形がどの程度「適応」しているかを評価するということだ。

進化的アーキテクチャにおいて、我々は同様の目標を持つ。アーキテクチャが進化するにしたがって、変更がアーキテクチャ上の重要な特性にどのように影響するかを評価し、それらの特性が経年劣化するのを防ぐ仕組みが必要だ。適応度関数のメタファーには、望ましくない方法でアーキテクチャが変更されないようにするために我々が採用する様々な仕組みが含まれる。これには、メトリクスやテストをはじめとする各種検証ツールが挙げられる。アーキテクトは、アーキテクチャが進化していく中で保護したいアーキテクチャ特性を決定すると、その機能を保護するための適応度関数を1つ以上定義する。

歴史的に、アーキテクチャの一部はしばしばガバナンス活動だとみなされてきた。しかし、アーキテクトは最近になってアーキテクチャを通じた変更を可能にするという考え方を受け入れてきている。アーキテクチャの適応度関数は、組織の必要性やビジネス機能に即した決定を可能にし、さらにそれらの決定の根拠を明確かつ検証可能なものにする。進化的アーキテクチャは、ソフトウェア開発に対する無制約で無責任なアプローチではない。むしろ、急速な変化の必要性とシステムやアーキテクチャ特性への厳密さの必要性との間で、釣り合いを取るアプローチだ。適応度関数は、アー

キテクチャ上の意思決定を促進し、ビジネスや技術環境を変更することを支援するために必要な変化を可能にしながら、アーキテクチャを誘導していくものだ。

我々は適応度関数を使用してアーキテクチャの進化を導くためのガイドラインを作成する。詳しくは2章で説明する。

1.4　アーキテクチャの多重な次元

> 切り離されたシステムはない。世界はつながっている。システムのどこに境界線を引くかは、議論の目的による。
>
> ——ジドネラ・H・メドウズ
> 『世界はシステムで動く』[2]

ギリシャの古典物理学は、固定点に基づいて宇宙を分析することを次第に学んでいき、最終的に古典力学[†8]へと到達した。また一方で、より精密な手段やより複雑な現象によって、その定義は20世紀初頭の相対性原理へと徐々に洗練されていった。科学者はそれまで独立した現象として観察していたことが、実際には相互に関連しあっているということを悟ったのだ。そして、1990年代から、見識あるアーキテクトもまた、ソフトウェアアーキテクチャを多元的なものであるとみなすようになった。継続的デリバリーは、アーキテクチャの見方を運用すら包含するところまで拡張した。アーキテクトは技術アーキテクチャに主眼を置きがちであるが、技術アーキテクチャは実際にはソフトウェアプロジェクトのある1つの次元にしかすぎない。もし進化可能なアーキテクチャを作りたいのなら、変更が影響を与える全ての部分を考慮しなくてはならない。物理学から学んだように、全てのことはそれ以外の全てに関連しているのだ。アーキテクトは今やソフトウェアプロジェクトに多くの次元があることを理解している。

進化可能なソフトウェアシステムを構築するために、アーキテクトは技術アーキテクチャの枠を超えて考える必要がある。例えば、プロジェクトにリレーショナルデータベースが含まれているなら、データベースの構造やエンティティ間の結びつきは時間とともに進化していくことになる。同様に、セキュリティ上の脆弱性をさらすようなやり方で進化するシステムを構築したいと考えるアーキテクトはいないはずだ。これらは全てアーキテクチャの**次元**の例を表している。アーキテクチャの次元とは、直

[†8]　http://farside.ph.utexas.edu/teaching/301/lectures/node3.html

交する方法で組み合わさることの多い、アーキテクチャの一部を指す。いくつかの次元は**アーキテクチャ上の関心事**（前述の「〜性」のリスト）とよく似ている。しかし、実際には**次元**の方が広く、技術的アーキテクチャが示す従来の範囲の外側もカプセル化している。各プロジェクトには、進化を考える際にアーキテクトが考慮しなくてはならない次元がある。以下に示すのは、現代のソフトウェアアーキテクチャにおいて進化可能性に影響を及ぼすいくつかのよくある次元だ。

技術

アーキテクチャの実装部分。フレームワーク、依存するライブラリ、実装言語など。

データ

データベーススキーマ、テーブルレイアウト、最適化計画など。この種のアーキテクチャは通常はデータベース管理者が扱う。

セキュリティ

セキュリティポリシーの定義、ガイドライン、不具合を発見するツールの指定など。

運用系

アーキテクチャを既存の物理インフラまたは仮想インフラ（サーバー、クラスタ構成、スイッチ、クラウドリソースなど）にどのようにマッピングするかといった関心事。

こうした観点それぞれが、アーキテクチャの**次元**を形成する。次元とは、ある特定の観点を支持する部分を意図的に分割したものだ。我々の考えるアーキテクチャ上の次元には、従来のアーキテクチャ特性（「〜性」）に加えて、ソフトウェア構築に寄与するその他の役割が含まれる。そうしたものがそれぞれ、問題が発展したり周囲の世界が変化したりする中で我々が保護したいと考えるアーキテクチャに対する観点を形作る。

アーキテクチャを概念的に切り分けるための分割技法にはいろいろなものがある。例えば、4+1 ビューモデル[†9] がそうだ。4+1 ビューモデルは、ソフトウェアアーキ

---

†9　https://ja.wikipedia.org/wiki/ビュー・モデル#アーキテクチャの4+1_ビュー・モデル

テクチャの IEEE 定義にも組み込まれているもので、異なる役割からの見方に焦点をあて、アーキテクチャを**論理ビュー**、**実装ビュー**、**プロセス（並行性）ビュー**、**配置ビュー**に分割する。著名な書籍である『ソフトウェアシステムアーキテクチャ構築の原理』（SB クリエイティブ）[3]では、より広い役割の集合にまたがった、ソフトウェアアーキテクチャの観点に関するカタログが示されている。同様に、Simon Brown の C4 モデル[†10] は関心事を分割するための表記法であり、概念の組織化を支援するためのものだ。対して、本書では次元の分類を作成する代わりに、現在のプロジェクトが有している次元を捉えることに努める。実際には、特定の重要な関心事がどの分類に属するかに関わらず、アーキテクトはプロジェクトが持つ次元を保護しなくてはならない。プロジェクトにはそれぞれ異なる関心事があり、それがプロジェクトに特有の次元の集合を与えることになる。いずれの分割技法も、プロジェクトにとって有益な洞察を与える。新規のプロジェクトであれば、なおさらだ。しかし、既存のプロジェクトは、現実に存在しているものを扱わなくてはならないのだ。

　アーキテクチャの次元に関して考えることは、重要な次元がそれぞれ変化にどう反応するかを評価することで、様々なアーキテクチャの進化可能性を分析できるという仕組みを我々に与える。競合する関心事（スケーラビリティ、セキュリティ、配置、トランザクションなど）によってシステムがより絡み合っていくにつれ、アーキテクトはプロジェクトで追跡する次元を拡張する必要がある。進化可能なシステムを構築するためには、アーキテクトは重要な次元全てにわたってシステムがどのように進化するかを考えなくてはならない。

　プロジェクトにおけるアーキテクチャ全体の範囲は、ソフトウェア要件とその他の次元から構成される。適応度関数を使うことで、アーキテクチャとエコシステムが時間とともに進化していく中でも、それらの特性を保護できる。その様子を**図1-3**に示す。

　図1-3では、このアプリケーションにとって重要な追加のアーキテクチャ特性として、**監査可能性**、**データ**、**セキュリティ**、**合法性**、**スケーラビリティ**を扱っている。ビジネス要件は時間経過とともに発展するため、各アーキテクチャ特性は完全性を保護するために適応度関数を利用する。

---

†10　http://www.codingthearchitecture.com/

1.4 アーキテクチャの多重な次元 | 13

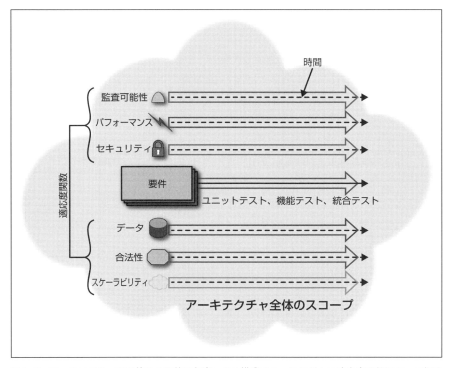

図1-3 アーキテクチャは要件とその他の各次元から構成され、それぞれが適応度関数によって保護されている

　我々はアーキテクチャを包括的に捉える考え方を重視している。しかし、その一方で、技術アーキテクチャのパターンや結合、凝集などに関連する話題も、アーキテクチャを進化させる要素の大きな部分を占めると認識している。技術アーキテクチャの結合がどう進化可能性に影響を与えるかは4章で、データ結合の影響については5章でそれぞれ説明する。

　結合は単なるソフトウェアプロジェクトの構造要素を超えた部分にも適用される。多くのソフトウェア企業は、最近になって、チーム構造がアーキテクチャのような驚くべきものに影響を与えることを発見した。本書ではソフトウェアでの結合に関する全ての側面に触れていくが、チームの影響はとても早い段階から頻繁に現れるため、それについてここでまず触れておきたい。

1.5 コンウェイの法則

1968年4月、Melvin Conway はハーバード・ビジネス・レビューに「How Do Committees Invent?[11]」という論文を投稿した。この論文で、Conway は社会構造、特に人と人の間のコミュニケーション経路が最終製品の設計に不可逆的に影響を与えるという考えを発表した。

Conway が記しているように、設計のすごく初期の段階では、責任領域を多様に分解する仕方を理解することによって、システムに対する高度な理解が作られる。グループが問題を分解する方法は、彼らが後に取りうる選択肢に影響する。Conway が体系化した以下の内容は、現在「コンウェイの法則」として知られている。

> システムを設計するあらゆる組織は、必ずその組織のコミュニケーション構造に倣った構造を持つ設計を生み出す。
>
> ——Melvin Conway

Conway が指摘しているように、問題をより小さな固まりに分解して移譲するとき、我々は調整問題を取り込んでいる。多くの組織では、正式なコミュニケーション構造あるいは厳密な階層構造がこの調整問題を解決するように見える。しかし、それは柔軟性のない解決策につながることが多い。例えば、チームが専門的な機能単位（ユーザーインターフェイス、ビジネスロジックなど）で分割されているレイヤ化アーキテクチャでは、レイヤ間を垂直に横断する一般的な問題を解こうとすると、調整オーバーヘッドが増加する。スタートアップで働いた後に大規模な多国籍企業に加わった人々は、前者の柔軟で順応性のある文化と、後者の柔軟性のないコミュニケーション構造との対比を経験する可能性が高い。別々のチームが所有するサービス間で契約を変更しようとする際などは、コンウェイの法則が働いていることが見られる好例だろう。一方のチームにとって思いどおりの変更であっても、もう片方のチームの調整や合意を得る努力が必要とするなら、それは難しくなる。

Conway は論文において、ソフトウェアアーキテクトはアーキテクチャやソフトウェア設計だけでなく、チーム間の作業の移譲、割り当て、調整にも注意を払う必要があると警告している。

---

[11] http://www.melconway.com/research/committees.html

多くの組織では、チームは機能スキルに応じて分けられる。以下はよく見られる例だ。

フロントエンド開発者

特定のユーザーインターフェイス（UI）技術を専門とするチーム（HTML、モバイル、デスクトップなど）。

バックエンド開発者

バックエンドサービスを構築する独自のスキルを持つチーム。たいていは API を開発する。

データベース開発者

ストレージや論理サービスを構築する独自のスキルを持つチーム。

機能的なサイロを持つ組織では、経営陣は人事部門の方を見てチームを分割し、技術的な効率性をたいして考慮しないことが多い。各チームは、自分たちが担当する部分の設計（画面の作成、バックエンド API あるいはサービスの追加、新しいストレージ機構の開発など）は得意かもしれない。しかし、新しいビジネス能力や機能をリリースするためには、全てのチームがその機能の構築に関与しなくてはならない。チームは通常、ビジネスに関するより抽象的で戦略的な目標ではなく、目の前にある仕事に対する効率に対して最適化される。スケジュール的なプレッシャーがある場合にはなおさらだ。そうすると、チームは、エンドツーエンド機能の価値を提供するのではなく、相互にうまく機能するかしないかわからないコンポーネントの提供に注力しがちだ。

こうした組織分割では、3 つのチーム全てに依存する機能は余計に時間がかかることになる。各チームが異なる時間で自分たちのコンポーネントに対する作業を行うからだ。カタログページを更新するというよくあるビジネス上の変更を考えてみよう。その変更には UI、ビジネスロジック、データベーススキーマの変更が伴う。各チームがそれぞれのサイロで作業する場合には、スケジュールを調整しなくてはならないため、機能の実装に必要な時間を引き延ばす必要がある。これは、チームの構造がアーキテクチャと、アーキテクチャの進化する能力にどう影響するかを示す格好の例だ。

Conway が論文で指摘したように、**移譲が行われることで誰かが調査できる範囲が狭ま**

るたびに、**実際に追い求めることができる設計の選択肢の種類も狭まる**。別の言い方をするなら、変更を望んでいる対象が他の誰かのものなら、それを変更することは難しいということだ。ソフトウェアアーキテクトは、チーム構造をアーキテクチャ上の目標とあわせるために、どう仕事を分割したり移譲したりするかについても注意を払う必要がある。

マイクロサービスなどのアーキテクチャを構築する多くの企業は、サイロ化した技術アーキテクチャによる分割ではなく、サービス境界を中心にチームを組織する。ThoughtWorks テクノロジーレーダー[†12]では、これを「逆コンウェイ戦略（*Inverse Conway Maneuver*）」[†13]と呼んでいる。チームの編成をこうしたやり方で行うのは理想的だ。なぜなら、チーム構造はソフトウェア開発の無数の次元に影響を与えるもので、問題の規模や範囲を反映すべきものだからだ。例えば、マイクロサービスアーキテクチャを構築する場合には、企業は一般的に、機能的なサイロを横断し、アーキテクチャのビジネス的側面と技術的側面全ての方向を満たすメンバーをチームに含めることで、チームをアーキテクチャに似せて組織する。

対象のアーキテクチャに似せてチームを組織すること。そうすれば、アーキテクチャの実現はより容易になる。

PenultimateWidgets の紹介と、彼らが逆コンウェイ戦略を取る機会

本書では、架空の会社 PenultimateWidgets（最後から 2 番目の部品販売業者）を例として使用する。PenultimateWidgets は大手のオンライン部品販売業者だ。同社は IT インフラストラクチャの多くを徐々に刷新していっていて、しばらくの間は保持しておきたいレガシーシステムと、よりイテレーティブなやり方が必要な新たな戦略的システムを数個ずつ所有している。本書では、それらのニーズに対処するために PenultimateWidgets が患った問題や解決策の多くを、各章を通して紹介していく。

[†12] https://www.thoughtworks.com/radar
[†13] https://www.thoughtworks.com/de/radar/techniques/inverse-conway-maneuver

> 同社のアーキテクトが最初に関心を寄せたのは、ソフトウェア開発チームについてだ。古いモノリシックなアプリケーションはレイヤ化アーキテクチャを利用し、UI、ビジネスロジック、永続化、運用を分解していた。同社のチームには、これらの機能が反映されていた。UI 開発者は全員一緒に作業をしていて、開発者とデータベース管理者は独自のサイロを持ち、運用はサードパーティに業務を委託していた。
>
> 開発者が、粒度の細かいサービスからなるマイクロサービスアーキテクチャという、新しいアーキテクチャの要素に取り組み始めると、調整コストが膨れ上がった。サービスは技術アーキテクチャではなくドメイン（*CustomerCheckout* のような）を中心に構築されていたため、1 つのドメインを変更するにはサイロをまたいだ莫大な量の調整が必要だったからだ。
>
> 調整コストを払う代わりに、PenultimateWidgets は逆コンウェイ戦略を採用し、サービスの範囲に沿った機能横断型チームを組織した。各サービスチームは、サービスオーナー、数人の開発者、ビジネスアナリスト、データベース管理者（DBA）、品質保証担当者（QA）、運用担当者により構成された。

チームの影響は、それがどれほど多くの影響をもたらすかの例とともに、本書中の様々な場所に登場する。

1.6　なぜ進化なのか

進化的アーキテクチャに関するよくある質問は名前に関することだ。なぜそれを進化的アーキテクチャと呼ぶのか。なぜ他の名前ではないのか。**漸進的**や**継続的**、**アジャイル**、**反応的**、**創発的**といった他の名前にすることも可能そうだ。しかし、これらの用語はここでは的を外している。ここで述べる進化的アーキテクチャの定義には、2 つの重要な特徴が含まれている。それは漸進的であることと、誘導的であることだ。

継続的、**アジャイル**、**創発的**といった用語は全て、進化的アーキテクチャの重要な特性である経時変化の考え方を含んでいる。しかし、これらの用語はどれも、アーキテクチャがどのように変化するか、あるいは望ましい最終状態のアーキテクチャがどのようなものかという考え方は含んでいない。これらの用語は環境が変化するというニュアンスを含むものの、アーキテクチャがどのようであるべきかという点を扱って

いない。我々の定義における誘導的という部分は、最終的に到達したいアーキテクチャを反映している。

　我々が順応という言葉よりも**進化**という言葉を好むのは、継ぎはぎして理解しがたい偶発的な複雑さに適応していくアーキテクチャではなく、基本的な進化的変化を経るアーキテクチャに興味があるからだ。適応とは、解決策の正確さや寿命に関係なく、何かを機能させる何らかの方法を見つけることを意味する。真に進化するアーキテクチャを構築するためには、アーキテクトは応急処置的な解決策ではなく、本物の変化をサポートしなくてはならない。生物学のメタファーに戻ると、**進化**とは、目的に沿った、絶え間なく変化する環境で生き残ることができるシステムを持つことである。システムは個別の適応を持つかもしれないが、我々はアーキテクトとして進化しうるシステム全体に注意を払うべきなのだ。

1.7　まとめ

　進化的アーキテクチャは、「漸進的な変更」「適応度関数」「適切な結合」という、3つの基本的な側面から成る。本書の残りの部分では、これらの要素それぞれについて個別に説明した後で、それらを組み合わせて、絶え間ない変更を支えるアーキテクチャを構築・維持するために必要となる事柄に取り組んでいく。

2章
適応度関数

> 進化的アーキテクチャとは、複数の次元にわたる漸進的で誘導的な変更を支援するものである。
>
> ——我々の定義

　前述したように、「**誘導的**」という言葉は、アーキテクチャとして向かうべき方向、あるいは示される目標が存在することを示している。そのため、我々は遺伝的アルゴリズム設計で成功の定義に使われる「適応度関数（*Fitness Function*）」という進化的計算の概念を拝借する。進化的計算には、各世代のソフトウェアで起きる小さな変化によって解が徐々に現れてくるようにするための仕組みが多く含まれている。解は最終目標に近づいたか、それとも遠く離れているか、といった具合に、エンジニアは解の世代ごとに現在の状態を評価する。例えば、翼の設計を最適化するために遺伝的アルゴリズムを使用する場合、適応度関数は、風抵抗、重量、空気流量をはじめとする、好ましい翼設計に望まれる各種特性を評価する。アーキテクトは適応度関数を定義し、何がより良いかを説明するとともに、目標が達成されたかの計測に役立てる。ソフトウェアにおいて適応度関数がチェックするのは、開発者がアーキテクチャ上の重要な特性を維持できているかだ。

　アーキテクチャの適応度関数を定義するため、我々は以下のような考え方を用いる。

> アーキテクチャの適応度関数は、あるアーキテクチャ特性がどの程度満たされているかを評価する客観的な指標を与える。
>
> ——我々の定義

この適応度関数は、システムに求められる様々なアーキテクチャ特性を保護する。具体的なアーキテクチャ要件は、システムや組織によって大きく異なる。それはビジネス推進力や技術的な能力、その他多くの要因によって決定される。システムによっては強固なセキュリティが必要なこともあれば、高いスループットや低レイテンシを必要とすることもある。障害からの回復力を何よりも必要とするシステムもあることだろう。考慮すべきこうした事項は、アーキテクトが気に掛ける「〜性」を形作る。考え方としては、あるアーキテクチャ特性についての適応度関数とは、対象とするシステムの「〜性」を保護する仕組みを具体化したものと言える。

システム全体の適応度関数というものを考えることもできる。それは、アーキテクチャにおける1つ以上の次元に対応する適応度関数が集まったものとなる。システム全体の適応度関数は、適応度関数が扱う個々の要素が互いに衝突した際に必要となるトレードオフを理解する助けとなる。多目的最適化問題にはよくあることだが、全ての値を同時に最適化することは不可能なため、我々は選択を余儀なくされる。アーキテクチャの適応度関数の場合であれば、パフォーマンスなどの課題は、暗号化にコストを支払うセキュリティとは衝突する可能性がある。これは至るところでアーキテクトを悩ませる、**トレードオフ**のよくある例だ。スケーラビリティとパフォーマンスといった、相反するフォースを調整しようと奮闘している間、トレードオフはアーキテクトの悩みの種の大部分を占めることになる。これらの異なる特性を比較することはアーキテクトにとって永遠の問題だ。なぜなら、それは根本的に違うものであり（リンゴとオレンジを比べるようなものだ）、ステークホルダーはおしなべて自分の関心事が最も重要だと考えているからだ。システム全体の適応度関数と、それを構成する個々の適応度関数の関係を**図2-1**に示す。

システム全体の適応度関数は、アーキテクチャが進化するためには欠かせないものだ。我々にはアーキテクチャ特性を互いに比較して評価するための何らかの礎が必要だからだ。しかし、個別の適応度関数とは異なり、システム全体の適応度関数を「評価」することは決してできない。代わりに、システム全体の適応度関数は、将来のアーキテクチャについて優先度付けを行うための手引きを提供する。

> システムは決して部分の総和ではない。システムは部分の相互作用の成果だ。
> ——ラッセル・L.アコフ

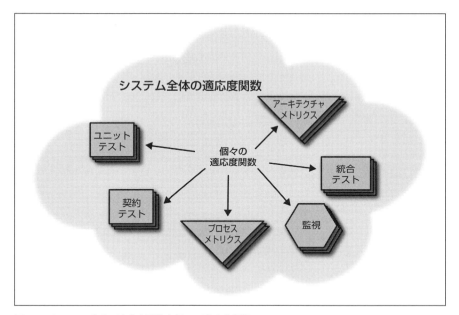

図2-1 システム全体の適応度関数と個々の適応度関数

　手引きがなければ、進化的なアーキテクチャは単なる反応的なアーキテクチャとなってしまう。したがって、スケーラビリティやパフォーマンス、セキュリティ、データスキーマなどの重要な次元を定義することは、いかなるシステムにおいても、初期のアーキテクチャにおける重要な決定事項となる。概念上は、それによって個々の適応度関数の重要度を、システムの全体的な挙動に対する重要性に基づいて比較検討できるということになる。

　本章ではまず適応度関数をより厳密に定義し、そして適応度関数がアーキテクチャの進化をどう導くのかを概念的に調べていく。

2.1　適応度関数とは

　数学的に言えば、関数とは許された入力値の集合から入力を取り、許された出力値の集合内からある出力を生成するものだ。ソフトウェアでは、実際に実装が可能なものを指すためにも関数という用語が使われる。一方、アジャイルソフトウェア開発における受け入れ基準と同様、進化的アーキテクチャにおける適応度関数もソフトウェ

アでは実装できない場合がある（例えば、規制上の理由で必要な手作業などだ）。それでも、アーキテクトはシステムの誘導的進化を促すために手作業の適応度関数を定義しなくてはならない。自動化された検査が望ましいといっても、全ての適応度関数を自動化できるプロジェクトばかりではないからだ。したがって、後ほど明らかになる様々な理由から、アーキテクチャ上の検証を適応度関数として明らかにすることは依然として有効だ。

1章で説明したように、現実世界のアーキテクチャは多くの様々な次元から構成されている。それには、パフォーマンス、信頼性、セキュリティ、操作性、コーディング標準、統合などの要件が含まれている。我々はアーキテクチャの各要件を表現するための適応度関数を必要とする。開発者は一般に、テストやメトリクスなどの様々な種類の仕組みを使用して適応度関数を表現する。ここからは、いくつかの例を見ながら、様々な種類のより広範囲な適応度関数を考えていく。

パフォーマンス要件は、適応度関数を有効に活用する。全てのサービス呼び出しが100ms 以内に応答しなければならないという要件があるとする。このときには、サービス要求に対する応答時間を計測して 100ms を超えていたら失敗するというテスト（すなわち適応度関数）を実装できる。要件を満たすには、全ての新しいサービスはテストスイートに対応するパフォーマンステストを持たなくてはならない。テストを書く開発者は、合格するテストの信頼性を確立するために必要な入力の範囲や種類の包括性のレベルを決定する必要がある。また、これらのテストをいつ実行するかや、テストの失敗を処理する方法も決定する必要がある。パフォーマンステストは、とりわけコードの更新によってパフォーマンスが急激に（通常は誤った方向へ）変化した場合の変曲点を取得するため、早い段階から頻繁に実施されなければならない。

適応度関数は、コーディング標準を維持するためにも使用できる。一般的なコードメトリクスは、関数またはメソッドの複雑さを評価した循環的複雑度[1] だ。アーキテクトが循環的複雑度に関する上限値の閾値を設定すると、その値はメトリクスを評価するツールのいずれかを用いて、継続的インテグレーションの中で実行されるユニットテストによって監視される。パフォーマンステストの例では、適応度関数をいつ実行するかはアーキテクトが決定すると言った。しかし、コーディング標準については、開発者は違反が直ちにビルドを失敗させ、問題に積極的に対処することを望む。

必要だからといって、適応度関数を常に実装できるわけではない。複雑さやその他

---

[1]　https://ja.wikipedia.org/wiki/循環的複雑度

の制約があるからだ。ハードウェア障害でデータベースのフェイルオーバーが発生するようなケースを考えてみよう。復旧処理自体は完全に自動化されているかもしれない（そしてそうすべきだ）が、テスト自体は手動で行うのが適切だろう。さらに、スクリプティングや自動化は推奨されるものの、テストの成否も目視で判断する方がより効率的だろう。

これらの例は、適応度関数が取ることができる多種多様な形、適応度関数の失敗に対する即時の対応、そして開発者がそれらを実行するタイミングや方法などを強調している。適応度関数は必ずしも単一のスクリプトとして実行できないし、「アーキテクチャの現在の総合的な適応度は 42 です」と言ったりすることはできないものだ。しかし、システム全体の適応度関数に関係するアーキテクチャの状態について正確かつ明白に会話することはできる。アーキテクチャの適応度に影響を与える可能性のある変更についての議論を楽しむこともできる。

最後に、進化的アーキテクチャが適応度関数によって誘導されると我々が言うときには、個別のアーキテクチャ上の選択を個々の適応度関数とシステム全体の適応度関数によって評価して、変化の影響を判断していくことを意味する。適応度関数は、アーキテクチャの中で重要なことを総合的に示し、ソフトウェアシステムの開発において重大で厄介なトレードオフ判断の類を行えるようにする。

適応度関数は既存の多くの考え方を 1 つの仕組みに統一し、アーキテクトが既存の多くの（大抵はアドホックな）「非機能要件」テストについて統一的に考えられるようにする。アーキテクチャの重要な閾値と要件を適応度関数として収集することで、それまでの曖昧で主観的だった評価基準をより具体的に表現できる。我々は、従来のテストや監視をはじめとする各種ツールを含む適応度関数を構築するために、既存の多くの仕組みを活用する。全てのテストが適応度関数というわけではないものの、そのテストがアーキテクチャ上の関心事の完全性を証明するのに役立つ場合には、我々はそれを適応度関数とみなす。

2.2　分類

適応度関数は、範囲、頻度、ダイナミクスをはじめとする各種要因に関連する様々なカテゴリ（有効なカテゴリの組み合わせも含む）にわたって存在する。

2.2.1 アトミック vs ホリスティック

　アトミックな適応度関数は、1つだけのコンテキストに対するものであり、アーキテクチャのある特定の側面を検査する。アトミックな適応度関数の格好の例は、モジュール結合などのアーキテクチャ特性を検証するユニットテストだ（4章でこのタイプの適応度関数の例を示す）。したがって、一部のアプリケーションレベルのテストは適応度関数に分類される。しかし、ユニットテスト全てが適応度関数として機能するわけではない。あくまでアーキテクチャ特性を検証するテストのみが、適応度関数に分類される。

　いくつかのアーキテクチャ特性については、単独でそれぞれの次元をテストする以上のことが求められる。**ホリスティック**な適応度関数は、共有コンテキストに対するものであり、セキュリティとスケーラビリティのように、アーキテクチャの側面の組み合わせに対して用いられる。ホリスティックな適応度関数は、単独では動いている機能が現実世界で組み合わさったときに壊れないことを保証するように設計する。例えば、アーキテクチャがセキュリティとスケーラビリティ両方を扱う適応度関数を持っているとしよう。セキュリティの適応度関数が検査する主要な項目には、データの期限切れがある。そして、スケーラビリティの適応度関数が検査する主要な項目には、確実なレイテンシ範囲内での同時利用者数がある。このとき、スケーラビリティを達成するために、開発者がキャッシュを実装したとする。これによってスケーラビリティのアトミックな適応度関数はうまく行く。そして、キャッシュが有効になっていないときには、セキュリティの適応度関数もうまくいく。しかし、適応度関数をホリスティックに走らせると、キャッシュを有効にしたことでセキュリティの適応度関数を通すためのデータが失効し、テストは失敗することになる。

　アーキテクチャ要素の可能な組み合わせ全てをテストすることはできない。そのため、アーキテクトはホリスティックな適応度関数を使い、重要な相互作用を選択的にテストする。この選択性と優先順位付けは、アーキテクトや開発者が（適応度関数を介して）特定のテストシナリオを実装することの難しさも評価できるようにし、それによってその特性の価値がどれくらいかを測る。このように、ホリスティックな適応度関数が取り組むアーキテクチャ上の関心事間の相互作用は、しばしばアーキテクチャの品質を決定する。

2.2.2　トリガー式 vs 継続的

　実行のリズムは、適応度関数を区別するもう 1 つの因子だ。**トリガー式**の適応度関数は、特定のイベントに基づいて実行される。具体的には、開発者がユニットテストを実行する際や、デプロイメントパイプラインがユニットテストを実行する際、QA 担当者が探索的テストを実行する際などに実行される。この適応度関数には、ユニットテストや機能テスト、振舞駆動開発（BDD）をはじめとする各種開発者テストといった、従来のテストが含まれる。

　継続的なテストは、予定に沿って実行はされないが、代わりに、トランザクション速度のようなアーキテクチャの側面に対する不断の検証を実行する。例えば、あるマイクロサービスアーキテクチャに関して、トランザクション時間を中心とした適応度関数を構築したいとする。トランザクションが完了するまでに平均でどれくらいの時間がかかるだろうか。あらゆる種類のトリガー式のテストを作成したとしても、得られるのは実際の動作に関するまばらな情報だけだ。したがって、開発者は実際の全てのトランザクションが実行されている本番環境のトランザクションを模倣する適応度関数を構築する。これによって、開発者は稼働しているシステムで動作を検証し、実際のデータを収集することができる。

　人気を得ている他のテスト手法に、モニタリング駆動開発（*Monitoring-driven development*：MDD）[2] がある。MDD は、システムの成果に対する検証をテストだけに頼るのではなく、本番環境での監視を使って、技術的及びビジネス的な健康状態も評価する。これらの継続的な適応度関数は、標準的なトリガー式のテストよりもずっと動的だ。

2.2.3　静的 vs 動的

　静的な適応度関数は、固定化された結果を持つ。ユニットテストの**成功・失敗**などがそれにあたる。この種の適応度関数には、望ましい値がバイナリや数値範囲、部分集合などによって事前に定義される適応度関数が含まれる。メトリクスは、適応度関数によく使われる指標だ。例えば、コードベースのメソッドに対する平均循環的複雑度の許容範囲を定義しておき、コードがチェックインされるとデプロイメントパイプラインに組み込まれたメトリクス計測ツールを使用して評価を行うというように使わ

---

†2　http://benjiweber.co.uk/blog/2015/03/02/monitoring-check-smells/

れる。

動的な適応度関数は、追加のコンテキストに基づいて推移する定義に依存する。値は周囲の状況に応じて変わる場合があり、ほとんどのアーキテクトは高スケールで動作している場合にはパフォーマンスメトリクスが低下することを受け入れるだろう。例えば、スケーラビリティに基づくパフォーマンスについて、企業は変動値、すなわち、ある範囲内であればスケールに応じてパフォーマンスが低下することを許容するという基準範囲を作成するかもしれない。

2.2.4　自動 vs 手動

アーキテクトが自動化を好むことは明らかだ。詳しくは3章で掘り下げるが、漸進的な変更の一部には自動化が含まれている。したがって、ほとんどの適応度関数が継続的インテグレーションやデプロイメントパイプラインといった自動化されたコンテキスト内で実行されることは、驚くようなことではない。実際、開発者コミュニティやDevOps運動では、継続的デリバリーの支援の下、以前は不可能だと考えられていたソフトウェア開発エコシステムの多くの部分を自動化するために相当量の労力を費やしてきた。この有益な傾向は継続すべきものだ。

しかし、我々がソフトウェア開発のあらゆる側面を自動化したいと考えるのと同じくらい強く、ソフトウェアの側面のいくつかは自動化に抵抗している。時には、法的要件といったシステム内の重要な次元が自動化を妨げる。例えば、いくつかの問題があるアプリケーションを構築する際には、開発者は法的な理由で変更を手作業で証明する必要がある。これは自動化できない。同様に、プロジェクトはより発展的な進化を志向しているものの、適切な開発プラクティスはまだそこにないかもしれない。例えば、ほとんどのQAは特定のプロジェクトではまだ手動でテストを行っているものの、近いうちに自動化する必要があるだろう。こうしたケース（や他のケース）では、個人ベースのプロセスによって検証される**手動の**適応度関数を必要とする。

できるだけ多くの手作業を省くことが効率を向上させる道であることは明らかだ。しかし、多くのプロジェクトで、いまだに手動での手続きが欠かせず求められているのもまた事実だ。そのため、我々はこれらの特性のために適応度関数を定義し、デプロイメントパイプライン内の手動のステージを使ってそれらを検証する（詳しくは3章で説明する）。

2.2.5　一時的なもの

ほとんどの適応度関数は変化に対して実行されるが、アーキテクトは適応度の評価に時間成分を組み込みたいと考えるかもしれない。例えば、プロジェクトが暗号化ライブラリを使用しているとすると、アーキテクトは重要な更新が行われたかどうかを確認するためのリマインダーとして、一時的な適応度関数を作成する可能性がある。この種の適応度関数としてよく使われるものには、**アップグレード中断**テストがある。Ruby on Rails などのプラットフォームでは、次のリリースで搭載される新機能を待てないといったことがよくある。そうすると、開発者は将来サポートされる機能のカスタム実装を、**バックポート**経由で現在のバージョンに追加する。そうした場合、プロジェクトを最終的に新しいバージョンにアップグレードした際に問題が起きることになる。バックポートが「実際の」バージョンと互換性を持たないことがよくあるからだ。そのため、開発者は**アップグレード中断**テストを使い、アップグレード時に強制的に再評価を行うようバックポートされた機能を包んでおく。

2.2.6　創発よりも意図的

プロジェクトの方向づけにおいて、アーキテクトはアーキテクチャの特性を明らかにしながら、ほとんどの適応度関数を定義する。しかし、適応度関数の中にはシステムを開発している最中に出現するものもある。アーキテクトは、アーキテクチャの重要な部分全てを最初から知ることは決してできない（これは古くから知られている「**未知の未知**」問題だ。詳しくは 6 章で説明する）。したがって、システムが進化する中で適応度関数を明らかにしていく必要がある。

2.2.7　ドメイン特化なもの

セキュリティや法的な要求事項など、特定の関心事を持つアーキテクチャがある。例えば、国際送金を取り扱う会社であれば、インフラストラクチャにストレスをかける Simian Army（3 章で取り上げる）をまねて、セキュリティにストレスをかけるテストを行うような、特有の継続的かつホリスティックな適応度関数を設計するかもしれない。多くの問題領域には、アーキテクトを 1 つ以上の重要なアーキテクチャ特性の集合へと導く推進力が含まれている。アーキテクトと開発者は、そうした推進力を適応度関数としてとどめ、それらの重要な特性が経年劣化しないことを保証しなくてはならない。

28 | 2章　適応度関数

3章では、適応度関数を評価する段階でこれらの次元を組み合わせる例を示す。

2.3　早い段階で適応度関数を特定する

チームは、設計がサポートしなくてはならない全体的なアーキテクチャ上の関心事を理解する初期作業の一環として、適応度関数を特定すべきだ。加えて、サポートする変化の種類を見極めるのに役立てるために、**システムが持つ**適応度関数も早い段階で特定すべきだ。（適応度関数とともに）異なるアーキテクチャ特性を実装することの難しさとその価値を比較する考察は、できるだけ早くリスクの高い作業を優先し、変化に向けてどう設計するかを理解するのに役立つ。

適応度関数を特定しなければ、チームは以下に示すリスクに直面することになる。

- 間違った設計を選択し、最終的には環境に適合しないソフトウェアを構築してしまう
- 不必要な設計を、時間やお金をかけて選択してしまう
- 将来環境が変化したときに、システムをたやすく進化させることができなくなってしまう

チームは、各ソフトウェアに対して、最も重要な適応度関数をできる限り早く特定し、優先順位を付けることに焦点を当てなくてはならない。適応度関数を早期に特定することは、大きなシステムをより小さな適応度関数の集合を扱う小さなシステムへと分割する計画を立てるのを助ける。

例えば、クレジットカードや支払いの詳細など、セキュリティに敏感なデータを処理する企業があるとする。業界や職種によっては、こうした類の情報を保持することは、強い規制上の要件をもたらす。この規制上の要件は、規制に影響する法令や基準の変更に伴って変わったり、新しい州や地域、異なる法律に従う国へ展開によって変わったりする可能性があるものだ。

もしシステム全体の適応度関数においてセキュリティや支払いが重要な役割を果たすことを見つけ出したなら、チームはこれらの関心事をまとめたアーキテクチャを設計するだろう。逆に、適応度関数を早い段階で特定しなければ、チームは最終的にこれらの責務をコードベース全体へ分散させてしまうことになる。その結果、変更を理解するには幅広い影響分析が必要となり、全体的な変更コストを跳ね上げることに

なってしまうだろう。

適応度関数は、以下に示す3つの単純なカテゴリに分類できる。

主要なもの

これらの次元は、技術や設計を選択する上で重要なものだ。これらの要素を中心とした変更を容易に行えるようにする設計上の選択を探ることにより多くの労力を割かなくてはならない。例えば、銀行アプリケーションであれば、パフォーマンスと回復力が主要な次元となる。

関連性のあるもの

これらの次元は、機能レベルで考慮する必要があるものだが、アーキテクチャ上の選択を誘導することはない。例えば、コードベースの品質に関するコードメトリクスは重要だが、主要な次元ではない。

関連性のないもの

設計と技術の選択は、この種の次元に影響を受けない。例えば、サイクルタイム（設計から実装までにかかった時間の総量）などのプロセスメトリクスは重要なものではあるかもしれないが、アーキテクチャとは無関係だ。そのため、適応度関数は必要ない。

適応度関数を実行した結果を共有スペースなどで可視化することで、主要な適応度関数と関連性のある適応度関数の知識を保ち続けよう。そうすることで、開発者は忘れずに日々の開発作業の中でそれらを考慮できるようになる。

適応度関数をカテゴリに分類することは、設計判断に優先順位を付けるのに役立つ。選択した設計が主要な適応度関数に明確な意味合いを持つ場合には、設計におけるアーキテクチャ上の側面を検証するためにスパイク（タイムボックスで行う実験的な開発プロジェクト）の実施に時間と労力をかけることには価値がある。いくつかのチームはセットベース開発[†3]を適応し、複数の解決策を構築するコストと引き換えにして、将来の意思決定のための選択肢を手に入れるだろう。セットベース開発とは、並行的に複数の解決策を設計するためにリーンやアジャイルのプロセスで用いられるプラクティスだ。

---

†3　https://en.wikipedia.org/wiki/Flexible_product_development

2.4 適応度関数を見直す

　適応度関数レビューとは、設計目標を達成するために適応度関数を更新することを目的として、ビジネスや技術の主要なステークホルダーと行うミーティングだ。重要な市場や顧客の成長、機能やビジネス能力の新しい領域、システムの既存部分の点検といったイベントは、適応度関数レビューを開催する正当な理由だろう。

　適応度関数レビューには、一般に以下が含まれる。

- 既存の適応度関数の見直し
- 現在の適応度関数の関連性の検査
- 各適応度関数の規模や重要度における変化の測定
- システムの適応度関数を検査するより良いアプローチがあるかどうかの判断
- システムがサポートする必要があるかもしれない新しい適応度関数の発見

少なくとも1年に1回は適応度関数を見直そう。

PenultimateWidgets と エンタープライズアーキテクチャスプレッドシート

　PenultimateWidgets のアーキテクトは、新しいプロジェクトプラットフォームの構築を決定すると、まず初めに望ましい特性を全て詰め込んだスプレッドシートを作成した。望ましい特性にはスケーラビリティ、回復力、その他たくさんの「〜性」があった。しかし、彼らは次に昔ながらの疑問に直面した。これらの特性をサポートする新しいアーキテクチャを構築したとして、そのサポートが維持できていることをどう保証できるだろうか。開発者が新しい機能を追加したとして、これらの重要な特性の予期しない劣化が生じるのをどう防げるだろうか。

　解決策は、スプレッドシートのそれぞれの関心事に対する適応度関数を作成し、客観的な評価基準を満たすためにその一部を再公式化することだった。そ

> して、それらの重要な基準の検証を偶発的にその場しのぎで行うのではなくて、適応度関数を彼らのデプロイメントパイプラインに組み込んだ（デプロイメントパイプラインについては3章で詳しく触れる）。

ソフトウェアアーキテクトは進化的アーキテクチャを探求することに興味はあるものの、決して生物学的進化をモデル化しようとしているわけではない。理論的には、自身の一部をランダムに変化（突然変異）させ、それを再び配置するアーキテクチャを構築することができるだろう。数百万年後には、おそらく非常に興味深いアーキテクチャを持てるはずだ。しかし、我々は何百万年も待つことはない。

我々は誘導的な方法でアーキテクチャを進化させたい。したがって、望ましくない進化の道筋を統治するために、アーキテクチャの様々な側面に制約を課す。犬の繁殖を考えるとわかりやすいだろう。望む特性を選択することによって、比較的短い時間で膨大な数の異なる容姿の犬を生み出すことができる。

次の章では適応度関数の運用に関するより多くの側面について説明する。6章では、適応度関数を他のあらゆるアーキテクチャ上の次元と組み合わせていく。

3章
漸進的な変更を支える技術

> 進化的アーキテクチャとは、複数の次元にわたる漸進的で誘導的な変化を支
> 援するものである。
>
> ——我々の定義

　2010年、Jez Humbleと Dave Farleyの2人は、ソフトウェアプロジェクト
の開発効率を向上させる開発プラクティスを集めた書籍、『継続的デリバリー』
（KADOKAWA/アスキードワンゴ）[4]を刊行した。彼らは同書で自動化やツールを
活用してソフトウェアを構築・リリースする仕組みを提供したものの、進化可能なソ
フトウェアの設計方法に関する枠組みはそこには含まれていなかった。進化的アーキ
テクチャでは、同書が示した開発プラクティスを前提としつつ、それらを活用して進
化可能なソフトウェアを設計する方法を扱う。

　我々の進化的アーキテクチャの定義には、**漸進的な変更**が含まれている。これは、
アーキテクチャは小さく漸進的な変更を容易にしなければならないということを意味
している。本章では、漸進的な変更を支えるアーキテクチャと、漸進的な変更の実現
に使用されるいくつかの開発プラクティスについて説明する。これらは共に進化的
アーキテクチャの重要な構成要素だ。そして、漸進的な変更の2つの側面である、**開
発**（開発者がソフトウェアを構築する方法）と**運用**（チームがソフトウェアをデプロ
イする方法）について詳しく見ていく。

　ここでは運用サイドの漸進的な変更の例を示す。まずは1章で紹介した漸進的な
変更の例を、アーキテクチャとデプロイ環境に関する追加の詳細を肉付けするとこ
ろから始める。本書での例に用いる部品販売業者である PenultimateWidgets は、図
3-1に示すように、マイクロサービスアーキテクチャと開発プラクティスによって支

えられたカタログページを持っている。

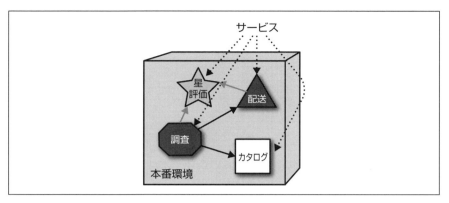

図3-1　PenultimateWidgets のコンポーネントデプロイメントの初期構成

　PenultimateWidgets のアーキテクトは、他のサービスから運用上分離されたマイクロサービスを実装している。マイクロサービスとは、**無共有（shared-nothing）アーキテクチャ**を実装するアーキテクチャだ。各サービスは技術結合を排除するために運用上分離され、それによって細かいレベルでの変更が促進される。PenultimateWidgets は、運用上の変更を小さくするため、全てのサービスを別々のコンテナにデプロイしている。

　この Web サイトでは、ユーザーは部品を星評価によって評価できるようになっている。加えて、アーキテクチャの他の箇所でも評価機能（顧客サービス担当者や配送業者の格付けなど）が必要なため、それらのサービスは全て、この星評価サービスを共有している。ある日、星評価サービスのチームは、既存のバージョンと並行して、星半分での評価を可能にする重要なアップグレードを加えた新しいバージョンをリリースする。図3-2 にこの様子を示す。

　評価機能を利用している各サービスは、改良版の評価サービスに移行することは必須でなく、都合のよいタイミングで徐々により良いサービスに切り替えることができる。時間が経過すると、評価機能を必要としているエコシステムの大半が改良版への移行を済ます。PenultimateWidgets の DevOps のプラクティスには、個々のサービスだけでなく、サービス間の経路を監視するアーキテクチャも含まれている。それによって、特定の期間内に特定のサービスへ誰もルーティングしていないことを運用グループが検知すれば、図3-3 に示すように、そのサービスは自動的にエコシステムか

ら切り離される。

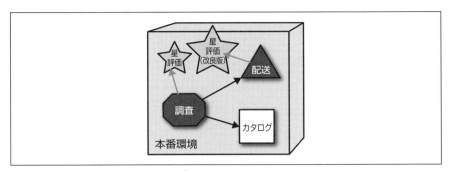

図3-2　星半分での評価機能を追加した改良版の星評価サービスをデプロイする

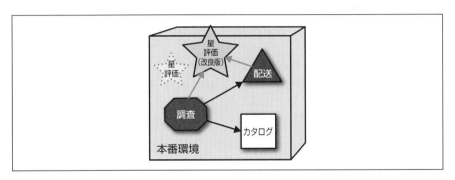

図3-3　全てのサービスが改良版の星評価サービスを使うようになった

　進化するための機械的能力は、進化的アーキテクチャの重要な要素の1つだ。それでは、抽象の段階を一段深く掘っていこう。

　PenultimateWidgets は粒度の細かなマイクロサービスアーキテクチャを持っている。各サービスは（Docker のような）コンテナを使ってデプロイされ、インフラストラクチャ結合を実現するのにサービステンプレートを使用している。サービスは、オンデマンドなスケーラビリティなどの運用上の関心事を扱うために、複数のインスタンスを持つ可能性があり、PenultimateWidgets 内の各アプリケーションは、そうしてデプロイされた実行中のサービスインスタンス間の経路から構成されている。これによって、アーキテクトは異なるバージョンのサービスを本番環境でホストし、ルーティングを介してアクセスを制御できる。デプロイメントパイプラインがサービ

スをデプロイすると、サービスはサービスディスカバリツールを使って自身（ロケーションと契約）を登録する。サービスが別のサービスを見つける必要がある際には、サービスディスカバリツールを使ってロケーションを確認し、契約を介してバージョンの適合性を確認する。

新しい星評価サービスは、デプロイされると自身をサービスディスカバリツールに登録し、新しい契約を発行する。サービスの新しいバージョンは、元のバージョンよりも幅広い価値（具体的には半分の星による評価）をサポートする。新しいバージョンが呼び出し側に異なる契約を要求する場合には、どのバージョンを呼び出すかについての解消を呼び出し側に負わすのではなく、サービス側で処理するのが一般的だ。こうした契約に関する戦略については「6.5.10　内部的にサービスをバージョン付けする」で説明する。

新しいサービスをデプロイする際、チームは呼び出し元のサービスに対して直ちに新しいサービスへアップグレードすることを強制したくはないものだ。そのため、アーキテクトは星評価サービスのエンドポイントを一時的にプロキシへと変更する。そのプロキシは、サービスのどのバージョンが要求されたかを確認し、要求されたバージョンへと転送する。既存のサービスは現状利用している評価機能を使うために何かを変更する必要はなく、新しいバージョンを呼び出すことで新しいサービスを利用できるようになる。こうすることで、古いサービスはアップグレードを強制されることなく、必要な間、元のサービスの呼び出しを継続できる。呼び出し側のサービスは、新しい機能を使うことを決めたなら、エンドポイントから彼らが要求するバージョンを変更する。そうして時間が経ち、元のサービスが不要になった時点で、アーキテクトはエンドポイントから古いバージョンを削除できるようになる。運用は、他のサービスから呼び出されなくなったサービスを（妥当な閾値内で）検出し、ガベージコレクションする責務がある。

データベースをはじめとする外部コンポーネントのプロビジョニングを含む、このアーキテクチャへの全ての変更は、デプロイメントパイプラインの監視下で生じる。これにより、DevOps はデプロイメントを構成する様々な部品を協調させるという仕事から開放される。

この章では、アーキテクチャが持つべき特性や開発プラクティスやチームでの検討事項といった、漸進的な変更を支えるアーキテクチャの構築に関する各種側面について説明する。

3.1　構成要素

　アジャイルさのためにアーキテクチャレベルで求められる構成要素の多くは、継続的デリバリーとその開発プラクティスの傘の下、ここ数年にわたり主流となっている。

　ソフトウェアアーキテクトは、システムがどのように組み合わさるかを決定する必要がある。これはよく略図を作成することによって行われ、様々な度合いの儀式を伴う。そうすると、アーキテクトは、ソフトウェアアーキテクチャを彼らが解かなければいけない**数式**であるとみなす罠にしばしば陥ってしまう。ソフトウェアアーキテクトに向けて売られている商用ツールの多くは、箱と線と矢印によって数学的な錯覚を強化する。それらの略図は理想的な世界のスナップショットである2次元のビューを表すもので、確かに便利ではある。しかし、我々が住んでいるのは4次元の世界だ。その2次元の略図に具体的な内容を追加して、肉付けしなければならない。**図3-4**のORMラベルはJDBC2.1となる。そうやって3次元のビューへと進化させることで、アーキテクトは彼らの設計が実在するソフトウェアを使う実在の本番環境であることを示す。そして、**図3-4**に示すように、時間と共に起こるビジネスとテクノロジーによる変更は、進化を第一級の関心事とするためにアーキテクチャの4次元のビューを持つことをアーキテクトに求める。

　ソフトウェアに静的なものはない。コンピュータを例にとろう。オペレーティングシステムとその上で動く重要なソフトウェア群をインストールし、1年間クローゼットの中に入れておくとする。年末になって、クローゼットからそれを取り出し、インターネットへと差し込んでみる……。すると、長時間にわたる更新のインストールを見ることになるだろう。コンピュータ上を1ビットでも変更していないにも関わらず、**世界全体は動き続けていた**のだ。これが先に説明した動的平衡だ。合理的なアーキテクチャ計画は、進化的変更を含める必要があるのだ。

　本番環境にアーキテクチャをどう組み込むのかに**加えて**、必要に応じて不可避な変更（セキュリティパッチ、ソフトウェアの新バージョン、アーキテクチャの進化など）を組み込むためにそのアーキテクチャをアップグレードする方法も理解しているのなら、我々は4次元の世界へと進んでいると言える。**図3-4**に示すように、アーキテクチャは静的な数式ではなく、進行中のプロセスのスナップショットなのだ。

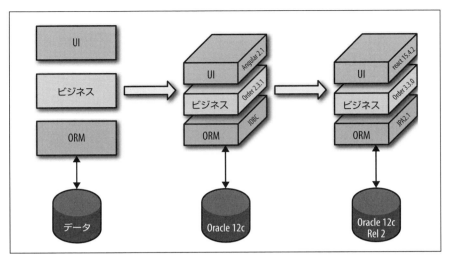

図3-4　現代のアーキテクチャは現実世界を生き延びるためにデプロイ可能かつ変更可能でなくてはならない

　継続的デリバリーと DevOps 運動は、アーキテクチャを実装しそれを最新に保ち続ける必要性を示している。アーキテクチャをモデリングし、その成果を記録することは何も悪いことではない。しかし、そのモデルは単なる第一歩でしかないのだ。

　アーキテクチャは、実際に作られ運用されるようになるまでは抽象にすぎない。

　図3-4 は、バージョンアップと新しいツールの選択による自然な進化を示している。アーキテクチャは、6章で説明するように、他の方法でも進化していく。

　アーキテクトは、**設計**、**実装**、**アップグレード**、そして**必然的な変更**がうまくいくまで、アーキテクチャの長期的な実行可能性を判断できない。そして、初期の「未知の未知」に基づく異例の出来事に耐えうるかどうかも、同様に判断できない。これについては6章で説明する。

3.1.1 テスト可能

ソフトウェアアーキテクチャのなかで無視されていることの多い「〜性」が、**テスト可能性**だ。テスト可能性とは、アーキテクチャ特性が自動テストによって正しさを検証できるかどうかを示す。残念ながら、ツールサポートの不足によってアーキテクチャの一部を検証するのが難しいことはよくある。

しかし、アーキテクチャのいくつかの側面は、容易にテストできる。例えば、開発者は結合のような具体的なアーキテクチャ特性をテストし、ガイドラインを作り、最終的にこれらのテストを自動化することが可能だ。

以下に示すのは、技術アーキテクチャの次元でコンポーネント間の結合の向きを制御する適応度関数の例だ。Java のエコシステムには、JDepend[†1] というパッケージの結合特性を分析するメトリクスツールがある。JDepend 自体も Java で書かれており、開発者はその API を使って、ユニットテストによって独自の分析を構築できる。

例3-1 に示す、JUnit[†2] のテストケースで表現された適応度関数を考えてみよう。

例3-1　パッケージインポートの向きを検証する JDepend テスト

```
public void testMatch() {

    DependencyConstraint constraint = new DependencyConstraint();

    JavaPackage persistence = constraint.addPackage("com.xyz.persistence");
    JavaPackage web = constraint.addPackage("com.xyz.web");
    JavaPackage util = constraint.addPackage("com.xyz.util");

    persistence.dependsUpon(util);
    web.dependsUpon(util);

    jdepend.analyze();

    assertEquals("Dependency mismatch",
            true, jdepend.dependencyMatch(constraint));
}
```

---

†1　https://github.com/clarkware/jdepend
†2　http://junit.org

例3-1では、アプリケーションのパッケージを定義し、次にインポートに関する規則を定義している。コンポーネントベースのシステムにおける厄介な問題には、コンポーネントの循環、すなわち、コンポーネントAがコンポーネントBを参照し、そのコンポーネントBがコンポーネントAを再び参照してしまうという問題がある。もし開発者がpersistenceからutilをインポートするコードを誤って書いたとすると、このユニットテストはそのコードがコミットされる前に失敗する。アーキテクチャの違反を検出するには、厳密な開発ガイドライン（上司の叱責を伴う）を用いるよりも、ユニットテストを作成するのがお勧めだ。そうすることで、開発者はよりドメインの問題に注力し、関心事の精査を少なくできる。さらに重要なことには、そうすることでアーキテクトは規則を実行可能な成果物として確固たるものにできる。

適応度関数は、任意の所有者を持つことが可能だ。これには共同所有も含まれる。例3-1に示した例であれば、アプリケーションチームがこのインポートの向きに関する適応度関数を所有する可能性がある。それがプロジェクトにとって特に懸念される事項であるからだ。それと同一のデプロイメントパイプラインでは、セキュリティチームが複数のプロジェクトにわたる共通の適応度関数を所有する可能性もある。一般に、適応度関数の定義とメンテナンスは、アーキテクトと開発者、アーキテクチャの整合性を維持することにかかわる全ての役割による共同責任となる。

アーキテクチャに関する多くのことはテスト可能だ。JDependのような（.NETエコシステムにもNDepend[3]という同様のツールがある）アーキテクチャの構造特性をテストするツールが存在するし、パフォーマンスやスケーラビリティ、回復力をはじめとする様々なアーキテクチャ特性に対応するツールも存在している。監視やロギングのツールなども使えるだろう。何らかのアーキテクチャ特性を評価するのに役立つツールであれば、それは適応度関数とみなせる。

適応度関数を定義したなら、アーキテクトはそれを適切なタイミングで実行されるようにする必要がある。継続的な実行の鍵は自動化だ。**デプロイメントパイプライン**はこうしたタスクを実行するためによく使われるものだ。デプロイメントパイプラインを使うことで、どの適応度関数をいつどれくらいの頻度で実行するかを定義することが可能となる。

---

[3] https://www.ndepend.com/

3.1.2 デプロイメントパイプライン

継続的デリバリーでは、デプロイメントパイプラインの仕組みを次のように説明している。デプロイメントパイプラインは、継続的インテグレーションサーバーと同様に変更を待ち受け、一連の検証手順を実行しながら、それぞれをより高度化させる。継続的デリバリーのプラクティスは、デプロイメントパイプラインをテストやマシンプロビジョニング、デプロイメントといった一般的なプロジェクトの作業を自動化する仕組みとして使うことを後押しする。加えて、GoCD[†4] などのオープンソースのツールは、そうしたデプロイメントパイプラインの構築を容易にする。

継続的インテグレーション vs デプロイメントパイプライン

継続的インテグレーションは、開発者ができるだけ早くシステムを統合できるようにすることを促すアジャイルプロジェクトにおける開発プラクティスとしてよく知られている。そして、継続的インテグレーションを促進するために、ThoughtWorks 製の CruiseControl[†5] を始めとする商用あるいはオープンソースの各種製品が登場してきた。継続的インテグレーションはシステムの「公式」なビルド場所を提供し、開発者は動作するコードを保証するためのただ1つの仕組みという考え方を享受する。継続的インテグレーションサーバーはまた、ユニットテストやコードカバレッジ、メトリクス、機能テストといった、プロジェクトに共通の作業を実行するための完璧な時間と場所も提供する。多くのプロジェクトでは、継続的インテグレーションサーバーには実行する作業のリストが含まれており、それらが全て成功することが、ビルドが成功したことを示すようになっている。そうして、大規模プロジェクトは最終的には見事な作業リストを作り上げる。

デプロイメントパイプラインは開発者に個々のタスクを段階（ステージ）に分けることを促す。デプロイメントパイプラインにはビルドを複数ステージに分ける考え方が含まれており、それによって開発者はチェックイン後の作業を必要なだけモデル化できる。この作業を分離する能力は、本番環境の準備状況

---

†4　https://www.gocd.org/
†5　http://cruisecontrol.sourceforge.net/

を確かめるという、デプロイメントパイプラインに期待される使命を離散的にサポートする。これは統合を重視した継続的インテグレーション（CI）サーバーと比べて、より広範なものだ。したがって、デプロイメントパイプラインには、一般に複数のレベルでのアプリケーションテストや自動化された環境プロビジョニング、その他多くの検証義務が含まれる。

中には継続的インテグレーションサーバーで「何とかやろう」と試みる開発者もいるが、すぐに彼らは作業とフィードバックの分離のレベルが不足していることに気付くことになる。

典型的なデプロイメントパイプラインは、図3-5に示すように、デプロイメント環境（Dockerなどによるコンテナか、PuppetやChefなどのツールによって生成されたカスタムメイド環境）を自動的に構築する。

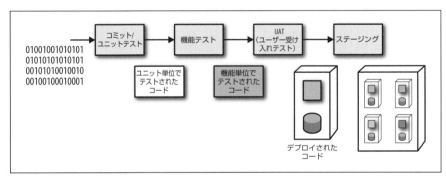

図3-5　デプロイメントパイプラインステージ

デプロイメントパイプラインを実行するデプロイメントイメージを構築することで、開発と運用は信頼を高められる。そうするとホストコンピュータ（もしくは仮想マシン）は宣言的に定義され、何もない所から再構築することが当たり前となるからだ。

デプロイメントパイプラインはアーキテクチャに対して定義された適応度関数の実行も行う。具体的には、デプロイメントパイプラインは、アーキテクチャに対する任意の検証基準を適用し、その基準に対するテストを様々なレベルで抽象化・高度化した複数のステージを持ち、システムが何らかの理由で変化する度に動作する。適応度関数が追加されたデプロイメントパイプラインを図3-6に示す。

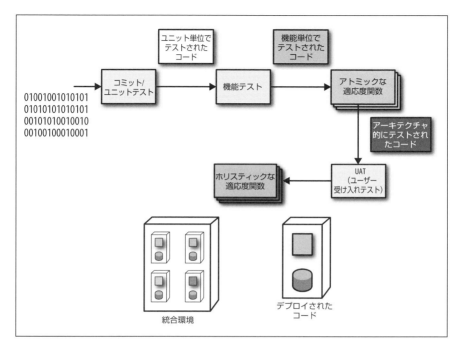

図3-6　適応度関数をステージとして追加したデプロイメントパイプライン

　図3-6は、アトミックな適応度関数とホリスティックな適応度関数の集合を示している。後者の適応度関数は、より複雑な統合環境とともに示されている。デプロイメントパイプラインは、アーキテクチャの次元を保護するために定義されたこれらの規則が、システムが変化する度に確実に検証されることを保証する。

PenultimateWidgets のデプロイメントパイプライン

　2章では、PenultimateWidgets の要件スプレッドシートについて説明した。彼らは継続的デリバリーの開発プラクティスをいくつか採用すると、自動化されたデプロイメントパイプラインによってプラットフォームの非機能要件がうまく働くことに気が付いた。その目的に向け、開発者はデプロイメントパイプラインを作り、エンタープライズアーキテクトとサービスチームによって作られた適応度関数を検証するようにした。そうして、チームがサービスに変更を

> 加える度に、コードの正確さやアーキテクチャ内の全体的な適応度が大量のテストにより検査されるようになった。

　進化的アーキテクチャのプロジェクトでよく実践されている別のプラクティスには、継続的デプロイメントがある。継続的デプロイメントは、デプロイメントパイプラインを使い、パイプラインの厳しいテストをはじめとする各種検証が通ることを条件に、変更を本番環境へと組み込む。継続的デプロイメントは理想ではあるものの、開発者は本番環境にデプロイされた変更がシステムを壊さないようにしなければならないため、より高度な調整を必要とする。

　この調整問題の解決には、デプロイメントパイプラインのファンアウト操作がよく使われる。ファンアウトすると、パイプラインは図3-7 に示すように、複数のジョブを並列に実行する。

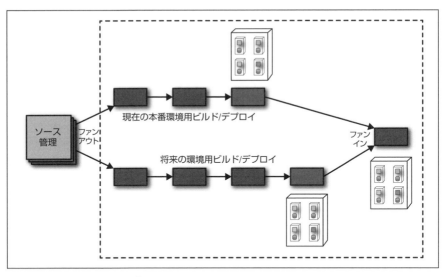

図3-7　デプロイメントパイプラインは複数のシナリオをテストするためにファンアウトする

　図3-7 に示すように、変更を行うときには、チームは2つのことを検証しなくてはならない。それは、変更が現在の本番環境の状態に悪影響を及ぼさないこと（デプロイメントパイプラインの実行が成功すると本番環境にコードがデプロイされるため）

と、それらの変更がうまくいくこと（将来の環境に影響を与えるため）だ。デプロイメントパイプラインのファンアウトは、タスク（テスト、デプロイなど）を並列に実行し、時間を節約できるようにする。**図3-7** に書かれている一連の並行ジョブが完了すると、パイプラインは結果を評価する。そして、全てがうまくいっていたら、デプロイなどのタスクを実行するための単一のスレッドにファンインする。チームが複数のコンテキストで変更を評価する必要がある場合には、この広がって狭まる組み合わせをデプロイメントパイプラインが何度も行う可能性があることに注意してほしい。

継続的デプロイメントに関するもう1つのよくある問題は、ビジネスへの影響だ。ユーザーは定期的に現れる新機能の弾幕を望んでいない。むしろ、「ビックバン」デプロイのような、より従来型の方式で段階的にリリースすることを望んでいる。継続的デプロイメントと段階的なリリースの両方に対応する一般的なやり方に、**機能トグル**を使用するというものがある。新しい機能を機能トグルの下に隠して実装することで、ユーザーが早期にそれに気が付くことを心配することなく、開発者は機能を安全に本番環境へデプロイできる。

本番環境における QA

新しい機能を構築するのに習慣的に機能トグルを使うようになると、本番環境で QA タスクを実行できるという有益な副次的効果が得られる。多くの企業は、探索的テストに本番環境を使えるということを認識していない。機能トグルを使うことに慣れてくると、チームは変更を本番環境へとデプロイできるようになる。だいたいの機能トグルをサポートするフレームワークは、ユーザーを様々な基準（IP アドレスやアクセス制御リストなど）に基づいてルーティングすることを可能にするからだ。そうして、QA 部門だけがアクセスできる機能トグル内に新しい機能を導入することで、QA 部門は本番環境でそれをテストできるようになる。

デプロイメントパイプラインを使うことで、アーキテクトはプロジェクトの適応度関数を容易に適用することが可能になる。必要なステージを把握することは、デプロイメントパイプラインを設計する開発者によって共通の課題だ。プロジェクトにおけ

る（進化可能性を含む）アーキテクチャ上の関心事を適応度関数として割り当てることは、以下に示すような多くの利点がある。

- 適応度関数が客観的で定量可能な結果をもたらすよう設計される
- 全ての関心事を適応度関数として形にすることで、矛盾のない実施機構が作られる
- 適応度関数の一覧を持つことで、開発者は最も容易にデプロイメントパイプラインを設計できるようになる

プロジェクトのビルドサイクルの中で、どの適応度関数を、いつ、どのコンテキストで実行するかを決める作業は簡単ではない。しかし、いったんデプロイパイプライン中に適応度関数が組み込まれたら、アーキテクトと開発者は、進化的な変化がプロジェクトのガイドラインに違反していないことにしっかりとした自信を持てる。アーキテクチャ上の関心事は、不明瞭なまま曖昧に評価されたり、主観的に評価されたりすることがよくある。アーキテクチャ上の関心事を適応度関数として作成することは、そうした曖昧さや主観を減らし、開発プラクティスに対する信頼を増すことへとつながる。

3.1.3　適応度関数の分類を組み合わせる

適応度関数の分類は、デプロイメントパイプラインのような仕組みに適応度関数を実装する際に交差することがよくある。以下に示すのは、よくある適応度関数のマッシュアップの例だ。

アトミック ＋ トリガー式

この種の適応度関数は、ソフトウェア開発の一環として実行されるユニットテストや機能テストによって検証される。開発者はこれらのテストを実行して変更を検証する。そして、デプロイメントパイプラインなどの自動化の仕組みは、継続的インテグレーションを適用して適時性を保証する。この種の適応度関数の一般的な例には、循環的依存性や循環的複雑度などの、アプリケーションアーキテクチャのアーキテクチャ上の完全性に対する何らかの側面を検証するユニットテストがある。

ホリスティック ＋ トリガー式

この種の適応度関数は、デプロイメントパイプラインの中で行われる統合テストの一部として実行されるように設計される。開発者は、明確に定義されたやり方でシステムの異なる側面がどう相互作用するかを具体的にテストするように、この種の適応度関数を設計する。例えば、セキュリティの強化がスケーラビリティにどう影響するかについて確認しようとするかもしれない。アーキテクトは、何らかの結合特性をコードベースにおいて意図的にテストするように、この種の適応度関数を設計する。結合特性が破損しているということは、アーキテクチャに何かしら不十分な点があることを示すからだ。通常のトリガー式テストと同様に、これらの適応度関数は、開発者によって開発の中で実行されると共に、デプロイメントパイプラインや継続的インテグレーション環境の一部としても実行される。一般的に、すでによく知られている結果を持つテストやメトリクスが、この種の適応度関数に該当する。

アトミック ＋ 継続的

継続的なテストはアーキテクチャの一部として実行され、開発者はその存在を念頭において設計を行う。例えば、アーキテクトは、全ての REST エンドポイントが動詞としての HTTP メソッドを適切にサポートし、正しいエラー処理を行い、メタデータを適切にサポートすることを気にかけており、そのことを検証するために REST エンドポイントを（通常のクライアントと同様に）継続的に呼び出すツールを構築するかもしれない。この種の適応度関数における原子とは、アーキテクチャのただ 1 つの側面だけをテストするということを意味している。そして、継続的とは、テストがシステム全体の一部として実行されることを意味している。

ホリスティック ＋ 継続的

ホリスティックで継続的な適応度関数は、システムの複数の部分を常にテストする。基本的に、この仕組みはシステム内のエージェント（あるいは別のクライアント）を表現し、アーキテクチャの品質と運用の品質の組み合わせを絶えず評価する。現実世界におけるホリスティックで継続的な適応度関数の優れた例は、Netflix の Chaos Monkey[6] だ。Netflix は自身の分散アーキテクチャを設計する際に、それらを Amazon Cloud 上で動作するように設計した。しかし、クラウ

---

[6]　https://github.com/Netflix/chaosmonkey

ド環境の中では、高いレイテンシ、可用性、弾力性などは運用を超えて直接制御することはできないために、エンジニアはどんな種類のおかしな動作が起こるのかを懸念していた。そうした恐怖を和らげるために、彼らは Chaos Monkey を作成し、そして、その後に完全にオープンソースとなった Simian Army[7] を続けた。Chaos Monkey は Amazon データセンターに「浸透」し、予期しないことを起こし始める。待ち時間を増やしたり、信頼性を低下させたりといった、各種の混乱を引き起こす。Chaos Monkey を念頭に置いて設計することによって、各チームは弾力的な設計を強いられる。SimianArmy の中には、前節で言及した RESTful さを検証するツールである Conformity Monkey[8] も存在する。これは、アーキテクトが定義したベストプラクティスについて各サービスをチェックするツールとなっている。

Chaos Monkey は Netflix のエコシステム内で継続的に実行されるもので、スケジュールで実行されるテストツールではないということに注目してほしい。Chaos Monkey は開発者が問題に耐えうるシステムを構築することを促すだけでなく、システムの妥当性を継続的にテストする。アーキテクチャにこのような絶え間ない検証を組み込むことで、Netflix は世界で最も堅牢なシステムの1つを構築した。Simian Army は運用に関するホリスティックで継続的な適応度関数の格好の事例だ。Simian Army はアーキテクチャの複数の部分に対して同時に実行され、それによってアーキテクチャの特性（復元性やスケーラビリティなど）が維持されていることを保証する。

ホリスティックで継続的な適応度関数は、実装が最も複雑な適応度関数であるものの、次のケーススタディが示すように、大きな力を発揮するものでもある。

3.1.4　ケーススタディ：60回/日のデプロイごとのアーキテクチャ再構築

GitHub[9] は、よく知られた開発者中心の Web サイトであり、積極的に開発プラクティスを実践し、1日に平均60回のデプロイを行っている。彼らは、ブログ記事

---

[7]　https://github.com/Netflix/SimianArmy
[8]　https://github.com/Netflix/SimianArmy/wiki/Conformity-Home
[9]　https://github.com/

「Move Fast and Fix Things」[10] の中で、多くのアーキテクトを恐怖に陥れる問題について記述している。その記事によると、GitHub は長いことマージを取り扱うために Git コマンド群をラップしたシェルスクリプトを使用してきていた。そのシェルスクリプトは正しく動くものの、拡張性は十分ではなかった。そこで、GitHub の技術チームは、libgit2 という Git コマンドの多くの機能を代替するライブラリを作り、そこにマージ機能を実装してローカルで徹底的にテストした。

そして、いよいよ新しい解決策を本番環境にデプロイする段階へと進んだ。この機能は創業以来ずっと GitHub の一部として完璧に機能していたものだった。開発者が最も避けたいことは、既存の機能にバグを作りこんでしまうことだった。しかし、彼らはまた技術的負債にもうまく対処する必要があった。

幸いなことに、GitHub の開発者は、コードの変更を検証する包括的で継続的なテストを行うためのフレームワーク、Scientist [11] を開発しオープンソース化していた。例 3-2 は、Scientist テストの構造を示している。

例 3-2 実験用の Scientist のセットアップ

```
require "scientist"

class MyWidget
  include Scientist

  def allows?(user)
    science "widget-permissions" do |e|
      e.use { model.check_user(user).valid? } # 古い方法
      e.try { user.can?(:read, model) } # 新しい方法
    end # 制御値を返す
  end
end
```

例 3-2 では、開発者は既存の振る舞いを use ブロック（control と呼ばれる）で包み、さらに実験したい振る舞いを try ブロック（candidate と呼ばれる）中に記述している。science ブロックはコードを呼び出す中で以下の詳細を処理する。

---

[10] https://githubengineering.com/move-fast/
[11] https://github.com/github/scientist

50 | 3章 漸進的な変更を支える技術

try ブロックを実行するかどうかを決定する

開発者は Scientist を設定し、実験をどう実行するかを決定する。例えば、マージ機能の更新を目標としたこのケースでは、ランダムユーザーの 1% に対して新しいマージ機能が試された。どちらが実行された場合でも、Scientist は use ブロックの結果を常に返し、結果に相違があっても、呼び出し元は常に既存の機能の結果を受け取ることが保証されている。

use ブロックと try ブロックを実行する順序をランダム化する

こうすることで、Scientist は未知の依存関係によってバグを誤って隠してしまうことを防ぐ。場合によっては、順番やその他の偶発的な要因が誤判定を誘発する可能性があるからだ。Scientist はブロックの実行順序をランダム化することで、そうした欠陥を少なくする。

全ての振る舞いの時間を計測する

Scientist の仕事の一部は A/B パフォーマンステストだ。したがって、パフォーマンスの監視が組み込まれている。実際、開発者はフレームワークを部分的に使うことができる。例えば、実験することなしに計測のためだけに使うことができるということだ。

try の使用結果と use の使用結果を比較する

目標は既存の振る舞いをリファクタリングすることだ。そのため、Scientist はそれぞれの呼び出し結果を比較、記録して、相違が存在するかどうかを確認する。

try ブロック内で発生した例外を潰す（ただしログは記録する）

新しいコードが予期しない例外を投げる可能性は常にある。しかし、開発者はエンドユーザーにこれらのエラーを見せたくはない。そのため、Scientist はエンドユーザーへそうした例外を見せなくする（ただし、開発者の分析用にログの記録は行う）。

この全ての情報を公開する

Scientist は全てのデータを様々な形式で利用できるようにする。

マージ機能のリファクタリングのケースでは、GitHub の開発者は、例3-3 に示すように、新しい実装（create_merge_commit_rugged）を呼び出すテストを行った。

例3-3　新しいマージアルゴリズムを実験する

```
def create_merge_commit(author, base, head, options = {})
  commit_message = options[:commit_message] || "Merge #{head} into #{base}"
  now = Time.current

  science "create_merge_commit" do |e|
    e.context :base => base.to_s, :head => head.to_s, :repo => repository.nwo
    e.use { create_merge_commit_git(author, now, base, head, commit_message) }
    e.try { create_merge_commit_rugged(author, now, base, head, commit_message) }
  end
end
```

　例3-3では、1%の確率でcreate_merge_commit_rugged occurredが呼び出される。し
かし、このケーススタディで指摘したように、GitHubのスケールであれば、全ての
エッジケースがすばやく現れる。

　このコードを実行すると、エンドユーザーは常に正しい結果を受け取る。もし
tryブロックがuseブロックと異なる値を返したとすると、それは記録だけされ、
useの値が返される。したがって、悪いケースであっても、エンドユーザーはリファ
クタリング前と同じ結果を受け取る。4日間実験を継続し24時間にわたって遅い
ケースや結果の不一致が生じなかったことで、GitHubの技術チームは古いマージ用
のコードを削除して、新しいコードへと置き換えた。

　我々の視点から見ると、Scientistは適応度関数だ。このケーススタディは、開発
者が自信を持って彼らのインフラの重要部分をリファクタリングできるよう、ホリス
ティックで継続的な適応度関数を戦略的に使用する格好の例だ。彼らは、新しいバー
ジョンと既存のバージョンを並行して実行することで、アーキテクチャの重要な部分
を変更した。これは、本質的には、レガシーな実装を整合性テストへと変換したとい
うことだ。

　一般に、ほとんどのアーキテクチャは、多くのアトミックな適応度関数と、いくつ
かの重要なホリスティックな適応度関数を備えている。アトミックかどうかを決定す
る要因は、開発者が何をテストしているかどうかと、その結果がどれくらい幅広いか
による。

3.1.5　目標の衝突

　アジャイルソフトウェア開発プロセスは、問題を早期に検出できるほど修正に要する労力が少なくて済むということを、我々に教えてくれた。ソフトウェアアーキテクチャの全ての次元を広範囲に考慮することの副次的効果の1つには、次元間で衝突する目標を早期に特定できることがある。例えば、開発者は新しい機能をサポートするためにもっと積極的な変更ペースをサポートしたいと考える可能性がある。コードを頻繁に変更していくということは、データベーススキーマも頻繁に変更していくことを意味する。しかし、データベース管理者はデータウェアハウスを構築しているため、安定性をより重視する。したがって、2つの進化の目標は、技術アーキテクチャとデータアーキテクチャの間で衝突することになる。

　明らかなことは、根本的なビジネスに影響を与える無数の要因を考慮したうえで、何らかの妥協をする必要があるということだ。アーキテクチャの次元をアーキテクチャの関心事の一部を特定するテクニックとして使うこと（あわせて適応度関数をその評価に使うこと）は、同一条件でそれらを比較することを可能にし、それによって優先順位付けをよりはっきりと行えるようになる。

　目標が衝突することは避けられない。しかし、そうした衝突を早期に発見して定量化することによって、アーキテクトはより明確な意思決定を行い、より明確に定義された目標と原則を作成できるようになる。

3.1.6　ケーススタディ：PenultimateWidgets の請求書発行サービスに適応度関数を追加する

　本書で例示に使用している架空の企業 PenultimateWidgets は、アーキテクチャに請求書発行を処理するサービスを含んでいる。請求書発行サービスのチームは、古いライブラリややり方を置き換えたいと考えている。しかし、そうした変更が他のチームの請求書サービスを統合する能力に影響を与えないようにしたいとも考えている。

　請求書発行サービスチームは以下のニーズを特定した。

スケーラビリティ

　　パフォーマンスは PenultimateWidgets の大きな関心事ではない。しかし、いくつかの再販業者に向けた請求の詳細を取り扱っているため、請求書発行サービスはサービスレベル合意を維持する必要がある。

他のサービスとの統合

PenultimateWidgets エコシステムのいくつかのサービスが請求書発行サービスを使用している。チームは内部の変更を行いつつ、統合点が壊れないようにしたいと考えている。

セキュリティ

請求書発行は金銭のやり取りを意味する。そのため、セキュリティは常に懸念される事項だ。

監査可能性

州の規制によっては、独立した会計士によって課税法の変更を検証する必要がある。

請求書発行サービスチームは継続的インテグレーションサーバーを使用しており、チームは最近、実行環境のプロビジョニングをオンデマンドで行うようアップグレードした。進化的アーキテクチャの適応度関数を実装するには、**図3-8** に示すように、継続的インテグレーションサーバーをデプロイメントパイプラインに置き換え、実行の段階的なステージを作成できるようにする必要がある。

PenultimateWidgets のデプロイパイプラインは6つのステージで構成されている。

ステージ 1 ── CI の複製

最初のステージでは、元の CI サーバーを複製し、そこでユニットテストと機能テストを実行する。

ステージ 2 ── コンテナ化とデプロイ

開発者は第2ステージを使って、サービス用にコンテナをビルドし、動的に作成されたテスト環境にコンテナをデプロイすることで、より深いレベルのテストを行えるようにする。

ステージ 3 ── アトミックな適応度関数

第3ステージでは、自動スケーラビリティテストやセキュリティ侵入テストといったアトミックな適応度関数が実行される。このステージでは、監査可能性に関連して、開発者が変更した特定のパッケージ内の任意のコードに対してメトリクスツールを実行したりもする。このツールは何かしらの決定を行うわけではないが、後のステージで特定のコードを絞り込むのに役立つ。

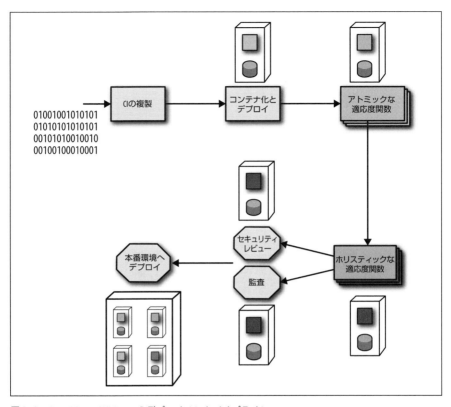

図3-8　PenultimateWidgets のデプロイメントパイプライン

ステージ 4 —— ホリスティックな適応度関数

第 4 ステージは、ホリスティックな適応度関数の実行に焦点を当てる。ホリスティックな適応度関数には、統合点を保護する契約に対するテストや、さらなるスケーラビリティテストなどが含まれる。

ステージ 5a —— セキュリティレビュー（手動）

このステージには、組織内の特定のセキュリティグループによって手動で行われるステージが含まれる。これには、コードベースでのセキュリティ上の脆弱性のレビューや監査、評価などがある。デプロイメントパイプラインには、セキュリティスペシャリストによる要求によって生じる、手動で行うステージを定義する

ともできる。

ステージ 5b —— 監査（手動）

PenultimateWidgets は、州が要求する特定の監査ルールである Springfield に基づいている。請求書作成チームがこの手動ステージをデプロイメントパイプラインに組み込むことには、いくつかの利点がある。第一には、監査機能を適応度関数として扱うことで、開発者やアーキテクト、監査人などが統一された方法（システムの正しい機能を判断するために必要な評価方法）によってこの機能を考えることができるということがある。第二に、デプロイメントパイプラインに評価を追加することで、デプロイメントパイプライン内の他の自動評価と同等に、この振る舞いのエンジニアリング的な影響を評価できることがある。例えば、セキュリティレビューが毎週行われ、監査が毎月行われる場合には、より高速なリリースへのボトルネックは明らかに監査ステージだ。デプロイメントパイプラインのステージとしてセキュリティと監査の両方を扱うことで、両者の懸念事項の決定をより合理的に行える。コンサルタントが必要な監査をより頻繁に行い、それによってリリースのサイクルを増やすことは、会社にとってより価値があるだろうか？

ステージ 6 —— デプロイメント

最終ステージは本番環境へのデプロイだ。これは PenultimateWidgets の自動化されたステージであり、2 つの上流の手動ステージ（**セキュリティレビュー**と**監査**）が成功を報告したことによって誘発される。

PenultimateWidgets において関心を持っているアーキテクトは、適応度関数の成功率・失敗率に関する週次で自動生成されるレポートを受け取る。このレポートは、アーキテクチャの健康状態やリリースのサイクルをはじめとする各種要因を正確に評価するのに役立つ。

3.2　仮説駆動開発とデータ駆動開発

「3.1.4　ケーススタディ：60 回 / 日のデプロイごとのアーキテクチャ再構築」で示した GitHub の例は、**データ駆動開発**の一例だ。データ駆動開発では、データが変更を駆動し、技術変化に全力を注ぐことを可能にする。同様のアプローチで、技術的な関心事よりもビジネスに軸足を置いたものには、**仮説駆動開発**がある。

2013 年のクリスマスから 2014 年の年明けにかけて、Facebook はある問題に直面した[†12]。その週、Flickr にある全ての写真よりも多くの写真が Facebook 上にアップロードされ、そして 100 万を超える画像が通報された。Facebook では問題があるとみなした写真をユーザーが通報できるようになっていて、通報されると Facebook はそれらの写真が客観的に見て問題があるかどうかを判断するためのレビューを行っていた。しかし、前述の劇的な写真の増加が問題を引き起こした。写真をレビューするために十分なスタッフを確保できなくなってしまったのだ。

幸いにも、Facebook は最新の DevOps とユーザーに対して実験を行える能力を備えていた。ある Facebook の開発者は、典型的な Facebook ユーザーが実験の対象となる可能性について問われた際に「それは 100% です。我々は日常的に 20 回以上の実験を同時に行っています」と答えている。彼らはこの実験能力を使い、ユーザーに追跡調査を行った。そして、なぜ写真が不快だとみなされたのかという質問を行い、そこで多くの面白く奇妙な人の行動を発見した。例えば、人々は写真写りが悪いことを認めたくないため、代わりにカメラマンの技量に問題があるせいにするといったことだ。様々なフレーズや質問を試すことで、エンジニアは写真が不快感を与える理由を見つけ出す質問を実際のユーザーに行うことができた。Facebook は、実験を可能にするプラットフォームを構築することで不快感を与える写真を管理可能な問題へと戻し、比較的短い時間で誤判定を十分にそぎ落とすことができた。

『リーンエンタープライズ』[5]で、Barry O'Reilly は **仮説駆動開発** の現代的なプロセスについて説明している。このプロセスでは、正式な要件を収集して機能をアプリケーションに組み込むことに時間とリソースを費やす代わりに、チームは科学的手法を活用する。チームは、「実用最小限の製品」版のアプリケーション（新しいプロダクトまたは既存アプリケーションに手を入れたもの）を作成すると、要件ではなく新しい機能についての思考の中で仮説を立てることが可能になる。仮説駆動開発における仮説とは、成果をどのような実験で判断できるかという仮説を検証するという観点から表現される。そして、仮説の検証とは、将来のアプリケーション開発を意味している。

例えば、ビジネスアナリストが良い考えだと思いついたからという理由でカタログページ上の販売アイテム用の画像サイズを変更する代わりに、それを「販売アイテムの画像を大きくすると、それらの売上が 5% 増加する」という仮説にする。いったん

[†12] http://www.radiolab.org/story/trust-engineers/

仮説を立てたら、A/Bテストを介して実験を行い（片方のグループは画像を大きくし、もう片方はそのままとする）、そして結果を集計する。

　アジャイルなプロジェクトであっても、ビジネス側の人間が関わっていると、それは少しずつ自分たちを悪い立場へと追いやる。ビジネスアナリストによるそれぞれの判断は、個別には納得のいくものかもしれない。しかし、他の機能と組み合わさったときに、それは最終的な全体の体験を低下させる可能性があるのだ。格好のケーススタディ[13]が、mobile.de[14]だ。mobile.deは論理的に道を踏み外し、やみくもに新しい機能を生み出していった結果、売上を減少させ続けた。その理由の1つには、彼らのUIが最終的に複雑になったことがある。こうしたことは、成熟したソフトウェア製品で開発が継続された結果しばしば起こることだ。この問題に対して、いくつかの異なる理性的アプローチがあった。それは、一覧件数を増やすこと、優先順位付けを改善すること、そして情報の分類を改善することだ。どのアプローチを取るかの判断をより良く行うため、彼らは3つのバージョンのUIを作り、結果をユーザーに委ねた。

　アジャイルソフトウェア方法論を駆動するエンジンは、テスト、継続的インテグレーション、イテレーションといった入れ子になったフィードバックループだ。そのフィードバックの入れ子には、アプリケーションの最終的なユーザーを包含したループもある。にもかかわらず、そのループはチームをすり抜けてしまう。そこで仮説駆動開発だ。仮説駆動開発を行うことで、我々はこれまでにないやり方でユーザーをフィードバックループに組み込み、ユーザーの行動から学び、本当に価値があるとユーザーが見つけたものを構築できるのだ。

　仮説駆動開発は、進化的アーキテクチャや現代的なDevOps、変更要件の収集、複数バージョンのアプリケーションを同時に実行する能力など、稼働する多くの部品の調整を必要とする。（マイクロサービスのような）サービス指向アーキテクチャは、通常は賢いサービスのルーティングでもって、バージョンの並列実行を実現する。例えば、あるユーザーは特定のサービス群を使ってアプリケーションを実行する可能性がある一方、別のリクエストは同じサービスのまったく異なったインスタンス集合を使用する可能性がある。もし、ほとんどのサービスが（スケーラビリティなどを目的として）実行中のインスタンスを多く有しているなら、その一部を機能を拡張したわ

---

†13　https://medium.theuxblog.com/hypotheses-driven-ux-design-c75fbf3ce7cc
†14　https://www.mobile.de/

ずかばかり異なったものへと変更し、ユーザーの一部をそちらへと流すことは容易なことだ。

実験は、重要な結果を得るのに十分な期間を取って実施する必要がある。一般的に、ポップアップ調査のようなユーザーを悩ませる方法ではなく、より良い成果を確認する計測可能な方法を見つける方が望ましい。例えば、仮説立てられたとあるワークフローを用いることで、ユーザーは少ないキーストロークとクリックで作業を完了できるだろうか。ユーザーを開発と設計のフィードバックループにそっと組み込むことによって、さらに機能的なソフトウェアを構築することが可能となる。

3.3　ケーススタディ：移植するのは何か

PenultimateWidgets アプリケーションが持つ特定のとある主力アプリケーションは、Java Swing アプリケーションとして開発され、10 年を超えて継続的に新しい機能を増やしてきた。会社はこれを Web アプリケーションへと移植することに決めた。しかし、いまビジネスアナリストは難しい決定に直面している。たくさんある既存機能のうち、一体どれを移植する必要があるだろうか。そして、もっと実務的なこととしては、ほとんどの機能をすばやく提供するには、新しいアプリケーションに移植される機能を一体どの順序で実装する必要があるだろか。

PenultimateWidgets のアーキテクトの 1 人が、最も人気のある機能が何であるかをビジネスアナリストに尋ねた。アプリケーションの詳細を何年にもわたって指定してきたにもかかわらず、アーキテクトはユーザーがアプリケーションをどのように使っているかを本当には理解していなかった。ユーザーから学ぶために、開発者はレガシーアプリケーションの新しいバージョンをリリースし、ユーザーが実際に使ったメニュー機能を追跡するためにログ機能を有効にした。

数週間後、彼らは結果を収集した。それはどの機能をどのような順で移植していくかの優れたロードマップを提供した。彼らは、その結果から請求書発行機能と顧客検索機能が最も一般的に使われていることを発見した。意外なことに、ビルドに多大な努力を払っていたアプリケーションのサブ機能の 1 つがほとんど使われていなかったことがわかり、チームはその機能を新しい Web アプリケーションから外すことにした。

4章
アーキテクチャ上の結合

アーキテクチャに関して頻繁に議論にあがるものに結合がある。結合とは、アーキテクチャの要素がどのようにつながり、依存しているかということだ。多くのアーキテクトは、結合を必要悪だとして非難する。しかし、他のコンポーネントに依存（結合）することなしに複雑なソフトウェアの構築は困難だ。進化的アーキテクチャは、適切な結合、すなわち、最小のオーバーヘッドで最大の利益をもたらすために結合すべきアーキテクチャの次元を特定する方法に注目する。

4.1　モジュール性

はじめに、アーキテクチャに関する議論の中で使い古されてきた一般用語をいくつか紐解いておこう。プラットフォームが異なれば、コードを再利用する仕組みも異なる。しかし、いずれのプラットフォームであっても、関連するコードを**モジュール**としてまとめてグループ化する何らかの方法はサポートしている。**モジュール性**とは、関連するコードの論理的なグループ化を表すものだ。次にモジュールは異なる物理方式でパッケージされる可能性がある。**コンポーネント**は、モジュールを物理的にパッケージする方法だ。モジュールは**論理的**なグループ化を意味し、コンポーネントは**物理的**な分割方法を意味する。

開発者は、プラクティスに基づいて**コンポーネント**をさらに細分化することが有効であることに気が付いた。この開発プラクティスには、ビルドやデプロイへの考慮も含まれている。**ライブラリ**という種類のコンポーネントは、呼び出し側のコードと同じメモリアドレス内で実行され、言語機能の呼び出しメカニズムによって呼び出し側とやり取りする。ライブラリは一般にコンパイル時の依存関係だ。大抵の複雑なアプリケーションは様々なコンポーネントで構成されるため、ライブラリに関する大抵の

懸念はアプリケーションアーキテクチャに存在することになる。他の種類のコンポーネントに**サービス**と呼ばれるものがある。サービスは、独自のアドレス空間で実行され、TCP/IP のような低レベルのネットワークプロトコルか、あるいは SOAP や REST といった高レベルのフォーマットを介して通信する。サービスはランタイムにおける依存関係を生じさせるため、サービスに関する懸念は、一般に統合アーキテクチャにおいて浮かびあがってくる傾向がある。

全てのモジュール機構はコードの再利用を容易にする。個々の関数から、果てはカプセル化されたビジネスプラットフォームに至るまで、あらゆるレベルでコードを再利用しようとするのは賢明なことだ。

4.2　アーキテクチャ量子と粒度

ソフトウェアシステムは、様々な方法で境界づけられる。ソフトウェアアーキテクトとして、我々は多くの様々な視点を使いソフトウェアを分析する。コンポーネントレベルの結合だけが、ソフトウェアを結び付ける唯一のものではない。多くのビジネスコンセプトは、システムの一部を意味的に結び付け、**機能的凝集**を作り出す。ソフトウェアをうまく進化させるために、開発者は全ての結合点を考慮する必要がある。

物理学で定義されているように、**量子**とは相互作用に関与する物理的実体の最小量だ。**アーキテクチャ量子**とは、高度な機能的凝集を持つ、独立してデプロイ可能なコンポーネントだ。アーキテクチャ量子は、システムが適切に機能するために必要な構造的要素全てを含んでいる。モノリシックアーキテクチャでは、量子はアプリケーション全体となる。モノリシックアーキテクチャは全てが高度に結びついている。そのために、開発者はそれを全てまとめてデプロイする必要がある。

ドメイン駆動設計の境界づけられたコンテキスト

Eric Evans の『エリック・エヴァンスのドメイン駆動設計』（翔泳社）[6] は、現代のアーキテクチャに対する考え方に深く影響を与えている。ドメイン駆動設計（*Domain-Driven Development*：DDD）は、複雑な問題領域の組織的分解を可能にするモデリング手法だ。DDD は「**境界づけられたコンテキスト**」という考え方を定義している。境界づけられたコンテキストとは、内部へはドメインに関する全てのことを公開し、外部へはそれを明かさないように境

界が引かれた領域のことだ。DDD 以前には、開発者は組織内の共通エンティティを全体にわたって再利用可能にしようと尽力していた。しかし、共通の共有成果物を作成することは、結合やより難しい調整、複雑性の増加といった、多くの問題を引き起こす。境界づけられたコンテキストの考え方では、局部的なコンテキスト内で最もうまく機能する各エンティティを識別する。したがって、組織全体で統一された Customer クラスを作成する代わりに、各問題領域がそれぞれの Customer クラスを作成し、統合点においてその相違を調整する。DDD は、チーム編成のような関連する要因とともに、現代のアーキテクチャスタイルのいくつかに影響を与えている（チーム編成への影響についてはコラム「PenultimateWidgets の紹介と、彼らが逆コンウェイ戦略を取る機会」を参照）。

対照的に、マイクロサービスアーキテクチャは、変更可能性のある部分を全てカプセル化したアーキテクチャ要素間の、物理的な境界づけられたコンテキストを定義する。この種のアーキテクチャは、漸進的な変更を許容するように設計されている。マイクロサービスアーキテクチャでは、境界づけられたコンテキストは量子的な境界として機能する。それは、データベースサーバーのような従属コンポーネントを含み、また、検索エンジンやレポートツールといった、サービスの機能を提供するために貢献する何らかのものも含む可能性もある。

図4-1 では、サービスにはコードコンポーネント、データベースサーバー、検索エンジンコンポーネントが含まれている。マイクロサービスにおける境界づけられたコンテキストの哲学の一部は、現代の DevOps 実践にべったりと寄りかかりながら、サービスの全ての部分を運用可能にする。ここからは、いくつかの一般的なアーキテクチャパターンと、それらの典型的な量子境界を見ていく。

アーキテクトや運用といったこれまでは分離されていた役割は、進化的アーキテクチャでは調整の必要がある。アーキテクチャは運用可能になるまでは抽象的なものだ。開発者は、コンポーネントが現実世界にどう適合するかに注意を払う必要がある。開発者がどのアーキテクチャパターンを選択するかに関わらず、アーキテクトは明示的に量子の大きさを定義する必要もある。小さな量子とは、小さなスコープを意味し、よって、それはより速い変化を意味する。一般に、小さな部品は大きい部品よりも扱いが容易だ。量子サイズは、アーキテクチャ内で漸進的な変更を可能にする下

限を決定する。

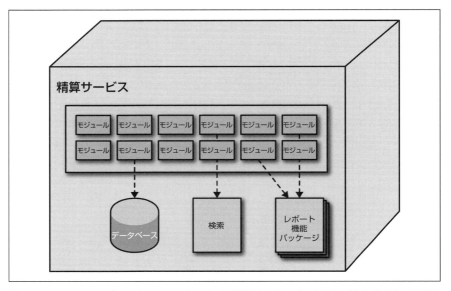

図4-1　マイクロサービスにおけるアーキテクチャ量子は、サービスとそれが依存する全てを取り囲む

　物理学によると、自然界には**重力**、**電磁気力**、**強い力**、**弱い力**の4つの力による基本的な相互作用が存在する。強い力とは、原子（と、それによる通常の物質）を共につなぎとめるもので、注目すべき点はその強さにある。それを壊すことは、核分裂のような大きな力を放出させることになる。同様に、いくつかのアーキテクチャ上のコンポーネントをより小さな部品に分解することは極めて難しい。例えるなら、それらのコンポーネントは強い核力を示す。進化的アーキテクチャを構築することのキーの1つは、ソフトウェアアーキテクチャによって支えたい性能に合うように、コンポーネントの粒度を決定し、コンポーネント間を結合することだ。

　進化的アーキテクチャでは、アーキテクトは**アーキテクチャ量子**を扱う。アーキテクチャ量子は、壊れがたい力でまとまったシステムの一部だ。例えば、トランザクションは強い核力として振る舞い、無関係な部分を共に結び付ける。開発者がトランザクションコンテキストを分割することは可能であるものの、それは複雑なプロセスであり、しばしば分散トランザクションのような偶発的な複雑さを招く。同様に、ビ

ジネスの一部が強く結びついている可能性がある場合に、アプリケーションを小さな
アーキテクチャ上のコンポーネントに分割することは望ましくないことがある。

図4-2にこれらの用語の関係をまとめる。

モノリシックな Listing

　我々は数年間、自動車のオークションを中心としたプロジェクトに従事して
きた。驚くべきことではないが、システムにおける巨大なクラスの1つには
Listing クラスがあった。それは怪物へと成長していた。Listing クラスが調整
問題を引き起こしていたため、開発者は巨大なクラスを分解する方法を見つけ
ようと、いくつかの技術的なリファクタリング作業に取り掛かった。そして、
最終的には主要な部品の1つである Vendor を独自のクラスに分割するための
スキーマが生み出された。技術的なリファクタリングがうまくいった一方で、
開発者とビジネスアナリストとの間では問題が発生した。開発者は Vendor への
変更のことばかり話し続けていた。しかし、それは彼らの世界では独立したエ
ンティティではなかった。開発者は、DDD で Eric Evans がプロジェクトの**ユ
ビキタス言語**と呼んだものに違反していた。ユビキタス言語では、チームにお
ける全ての用語が確実に同じものを意味する。機能の分割は開発者にとって多
少便利なことがあったものの、ビジネスプロセスを定義する意味的な結合が侵
害されたため、仕事はより一層難しくなってしまった。

　最終的に、我々は Listing クラスをリファクタリングせずに、1つの巨大な
エンティティへと戻した。ソフトウェアプロジェクトがそれを中心に回ってい
たからだ。そして、我々は Listing を異なる方法で処理することで調整問題を
解決した。積極的な統合を促進するため、Listing に変更があると、継続的イ
ンテグレーションサーバーが関心のあるチームへメッセージを自動で生成する
ようにしたのだ。このようにして、我々は調整問題を、アーキテクチャの構造
としてではなく、開発プラクティスの実践によって解決した。

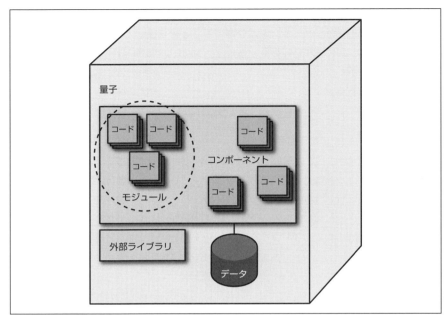

図4-2 モジュール、コンポーネント、量子間の関係

図4-2に示すように、最も外側のコンテナは**量子**、すなわちシステムが正常に機能するために必要な機能とデータを全て含むデプロイ可能なユニットだ。量子内には、クラスやパッケージ、名前空間や関数といったコードから成る、いくつかの**コンポーネント**が存在する。オープンソースプロジェクトから持ってきた外部コンポーネントも、**ライブラリ**(特定のプラットフォーム内で再利用するためにパッケージ化されたコンポーネント)として存在する。もちろん、開発者はこれら共通の構成要素について、あらゆる可能な組み合わせを混ぜ合わせ、適合させることができる。

4.3 アーキテクチャスタイルの進化可能性

ソフトウェアアーキテクチャというものは、少なくとも部分的には存在しているものだ。特定の次元を超えてある種の進化を可能にしなくてはならないからだ。変化可能性は、いろいろなアーキテクチャパターンが存在する理由の1つとなっている。異なるアーキテクチャパターンは異なる固有の量子サイズを持ち、それは進化の能力に影響を与える。この節では、いくつかの代表的なアーキテクチャパターンを見てい

く。そして、我々の 3 つの進化可能性の基準「漸進的な変更」「適応度関数」「適切な結合」から見た進化する能力に対する影響とともに、それぞれのアーキテクチャパターン固有の量子サイズを評価していく。

アーキテクチャパターンは進化を成功させるために重要なものである。しかし、それが唯一の決定要因ではないことに注意してほしい。パターンが持つ固有の特性は、そのシステムに対する進化可能性の次元を完全に定義するために、さらなる特性と組み合わせなければならない。

4.3.1　巨大な泥団子

まず、識別可能なアーキテクチャを持たない、カオスなシステムが劣化したケースを考えてみよう。これは「巨大な泥団子（*Big Ball of Mud*）」[†1] アンチパターンとして知られている。フレームワークやライブラリといった典型的なアーキテクチャ要素は存在するかもしれないものの、開発者は目的に応じた構造を構築していない。これらのシステムは高度に結合しているために、変更が生じた場合に副作用が連鎖することになる。開発者はモジュール性が低く高度に結合されたクラス群を作成する。データベーススキーマは、UI をはじめとするシステムの各部分へと忍び込み、変更を効果的に妨害する。DBA は、様々なデータが密に結合した交差テーブルをつなぎ合わせることで、過去 10 年リファクタリングを避け続けてきている。そして、極めて厳しい予算の制約などによって、運用はできるだけたくさんのシステムを押し込まれ、運用上の結合を扱っている。

図4-3 は、巨大な泥団子であることを示すクラス結合図だ。各ノードはクラス、線は結合（内側の線と外側の線共に）を表していて、線が太くなっているところは接続数の多さを意味している。

（実際のプロジェクトから取得された）図4-3 に示すアプリケーションの一部を変更することは、強烈な難題を引き起こす。クラス間にあふれんばかりの量の結合が存在するため、他の部分に影響を与えることなくアプリケーションの一部を変更することは事実上不可能だ。したがって、進化可能性の観点から見ると、このアーキテクチャのスコアは非常に低い。アプリケーション全体でデータアクセスを変更する必要のある開発者は、データアクセスが存在する全ての場所を捜索し、いくつかの場所を壊すリスクとともに、それらを変更しなくてはならない。

[†1]　https://en.wikipedia.org/wiki/Big_ball_of_mud

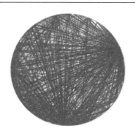

図4-3 機能不全の構造による求心性と遠心性の結合

進化の観点からは、このアーキテクチャは各規準を大幅に満たしていない。

漸進的な変更

いかなる変更もこのアーキテクチャでは困難だ。関連するコードはシステム全体に散在している。つまり、あるコンポーネントの変更は、他のコンポーネントの予期しない破損を引き起こす。これらの破損を修復すると、さらなる破損が発生し、決して終わりのない波及効果が発生する。

適応度関数による誘導的な変更

このアーキテクチャで適応度関数を構築することは困難だ。なぜなら、明確に定義されたパーティションがないからだ。保護機能を構築するには、開発者が保護する部品を識別できる必要があるが、低レベルの関数やクラスを除いてこのアーキテクチャには構造が存在しない。

適切な結合

このアーキテクチャスタイルは、不適切な結合の良い例だ。このようなソフトウェアを構築することから得られるアーキテクチャ上の利点はない。

この悲惨な状況では、変更は困難で高くつく。基本的に、システムの各部分は他の部分全てと強く結合しているため、量子はシステム全体ということになる。全ての部分は他の部分に影響するため、変更は容易ではない。

4.3.2 モノリス（一枚岩）

モノリシックアーキテクチャには、多くの場合、高度に結合したコードが大量に含まれる。ここからは、構造に基づいた、このアーキテクチャスタイルの様々なバリエーションを見ていく。

非構造化モノリス

このアーキテクチャパターンには、図4-4のような本質的に独立したクラス群が協調するシステムを含む、いくつかの異なるバリエーションがある。

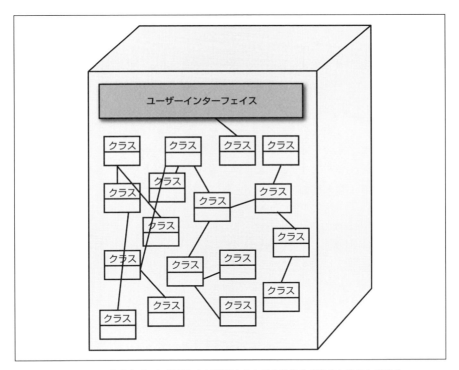

図4-4　モノリスアーキテクチャには緩やかに関連するクラスの集合が含まれることがある

図4-4では、異なるモジュールが、共通機能用の共有クラスを利用しつつ、異なる作業を独立して処理している。まとまった全体構造の欠如は、このアーキテクチャの変化を妨げる。

漸進的な変更

高度な結合はアプリケーションを大きな塊でデプロイすることを要求する。その
ため、大きな量子サイズは漸進的な変更を妨げる。あるコンポーネントを1つだ
けデプロイすることは難しい。コンポーネント同士が高度に結合しているため、
結合するそれらのコンポーネントの変更も必要となるからだ。

適応度関数による誘導的な変更

モノリス用に適応度関数を構築することは、難しいが不可能ではない。長い間存
在してきたことで、このアーキテクチャパターンの周辺には、適応度関数の作成
に使用できる多くのツールやテストのプラクティスが育まれてきている。しか
し、パフォーマンスやスケーラビリティなど、一般的な誘導的変更の対象はモノ
リシックアーキテクチャの伝統的なアキレス腱だ。開発者がモノリスを理解する
のは容易だが、スケーラビリティやパフォーマンスへうまく対応することは難し
い。それらの大部分は本質的な結合が原因だからだ。

適切な結合

モノリシックアーキテクチャは、シンプルなクラス群の外側には内部構造をほと
んど持たない。そのために、巨大な泥団子ほど悪い結合を表にはださない。しか
し、それ故に、コードの一部の変更は、コードベースとはかけ離れた部分で予期
しない副作用を引き起こす可能性がある。

このアーキテクチャの進化可能性は、「4.3.1 巨大な泥団子」よりかは幾分ましだ。
しかし、このアーキテクチャはいとも簡単に劣化する。なぜなら、それを防ぐための
構造上の制約がほとんどないからだ。

レイヤ化アーキテクチャ

その他のモノリスアーキテクチャには、レイヤ化アーキテクチャを作り上げるため
に、より構造化された方法を用いるものがある。そのうちのバリエーションの1つ
を図4-5に示す。

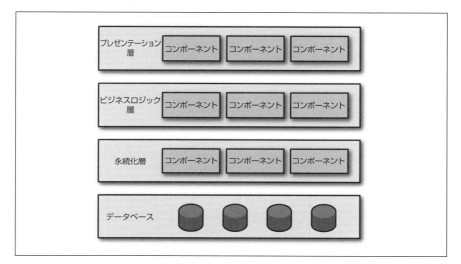

図4-5 典型的なレイヤ化モノリスアーキテクチャ

図4-5で、各レイヤは技術的な能力を表している。これによって開発者は機能的な技術アーキテクチャを容易に交換できる。レイヤ化アーキテクチャの主要な設計基準は、異なる技術能力を明確な責務とともにレイヤへと分けることだ。このアーキテクチャの主な利点は、**関心事の独立と分離**だ。各レイヤは他からは独立していて、きちんと定められたインターフェイスを介してアクセスする。そうすることで、他のレイヤに影響を与えたり類似したコードをグループ化したりせずにレイヤ内で実装を変更でき、それによってレイヤの中に専門的な分離された空間を作り上げることができる。例えば、永続化層は通常、他のレイヤがデータの保存方法に関する実装の詳細を無視できるよう、それらを全てカプセル化する。

モノリスアーキテクチャの全てのケースでは、データベースサーバーなどの依存コンポーネントを含むアプリケーションそのものが量子となる。次に示す通り、大きな量子サイズのシステムを進化させることは難しい。

漸進的な変更

開発者は、変更が既存のレイヤ内に分離されている場合に限って、アーキテクチャに何らかの変更を加えることを容易だと感じる。レイヤをまたいだ変更は、特に組織の編成がアーキテクチャのレイヤに似ている場合(「1.5 コンウェイの

法則」の影響）は、調整の難題を引き起こす可能性がある。例えば、チームは、他のチームに混乱をほぼ起こさず、永続化フレームワークを別のフレームワークへと変更できる。彼らはきちんと定義されたインターフェイスの背後でその作業を実施できるからだ。一方、ビジネスチームが ShipToCustomer サービスのようなものを変更する必要がある場合には、その変更は全てのレイヤに影響することになるため、調整が必要となる。

適応度関数による誘導的な変更

アーキテクチャの構造がより明白であるため、よく構造化されたモノリスで適応度関数を書くことは容易だ。レイヤによる関心の分離によってより多くの部品を独立してテストできるため、開発者は容易に適応度関数を作成できる。

適切な結合

モノリスアーキテクチャの利点の1つはわかりやすいことだ。デザインパターンなどの考え方を理解している開発者であれば、レイヤ化アーキテクチャに対して知識を容易に適応できる。わかりやすさの大半は、コードの全ての部分に便利にアクセスできることによって生じる。レイヤ化アーキテクチャは、レイヤによって定義された技術アーキテクチャの分割部分を容易に進化させられる。例えば、よく定義された（かつ実装された）レイヤ化アーキテクチャでは、データベース、ビジネスルール、その他のレイヤを最小限の副作用で簡単に交換できる。

モノリスアーキテクチャは、意図的かどうかに関わらず、高度な結合を持つ傾向がある。開発者が関心事を分離するためにレイヤ化アーキテクチャを使う場合（例えば、データアクセスを単純化するために永続化層を持つなど）、通常は、レイヤは内部での結合が高く、外部との結合は低くなる。レイヤ内において、各コンポーネントは1つの目標に向かって協調するため、各コンポーネントは高度に結合していく傾向がある。対照的に、レイヤの間のインターフェイスは一般的により慎重に定義されるため、レイヤ間の結合度は低くなる傾向がある。

モジュール式モノリス

アーキテクトがマイクロサービスを大げさに宣伝するメリットの多く（分離、独立、変更の小さな単位）は、開発者が結合について理解し、十分に気を付けて開発できるのなら、モノリシックアーキテクチャでも得られるものだ。ただし、そのために

は、純粋な技術アーキテクチャの枠を超えて、他の次元（特にデータ）における結合についても十分に理解して気を付ける必要があることに注意してほしい。ツールがあまりにもコードの再利用を容易にしてしまったせいで、現代の開発者は、たやすく結合できてしまう環境の中で適切な結合を行うことに悪戦苦闘している。本章末尾に示す**例4-1**のような適応度関数によって、アーキテクトはデプロイメントパイプライン中にモノリスのコンポーネント依存をきれいに保つための安全網を構築することができる。

現代のほとんどの言語は、厳格な可視性と接続ルールを指定できる。それらのルールを使ってモジュール式モノリスを構築するなら、アーキテクトと開発者は、図4-6で表した十分にモジュール化されたモノリスのように、より柔軟なアーキテクチャを実現できるだろう。

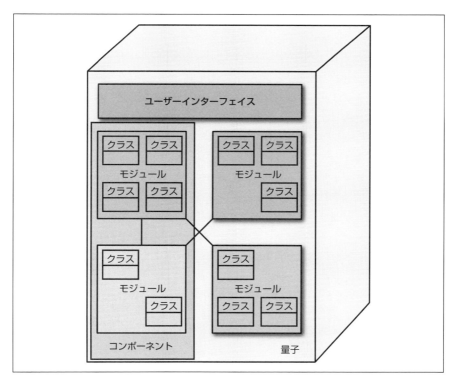

図4-6　モジュール式モノリスは、よく定義されたモジュール間の分離とともに、機能の論理的なグループを含んでいる

漸進的な変更

このタイプのアーキテクチャは、開発者がモジュール性を強化できるため、漸進的な変更が容易だ。しかし、機能をモジュールへと論理的に分離しているにも関わらず、モジュールを含んだコンポーネントを個別にデプロイするのが難しいようなら、量子サイズはまだ依然として大きいままだ。モジュール式モノリスでは、コンポーネントのデプロイ可能性の度合いが漸進的な変更のレートを決定する。

適応度関数による誘導的な変更

テストやメトリクスをはじめとする適応度関数の設計や実装は、このアーキテクチャではずっと容易だ。コンポーネントをうまく分離した方が、分離層に依存するモックやその他のテスト技法をやりやすくなるからだ。

適切な結合

よく設計されたモジュール式モノリスは、適切な結合の良い例だ。各コンポーネントは機能的凝集があり、コンポーネント間の良好なインターフェイスや低い結合を備えている。

モノリシックアーキテクチャ、特にレイヤ化アーキテクチャは、開発者が構造を容易に理解できるため、プロジェクト開始時の一般的な選択肢だ。しかし、多くのモノリスは、パフォーマンスの低下やコードベースの肥大化、その他の多くの要因によって寿命に達し、置き換えられることになる。モノリスから移行する先として、現在よく対象となるのがマイクロサービススタイルのアーキテクチャだ。マイクロサービスアーキテクチャは、モノリシックアーキテクチャと比べて、サービスやデータの粒度や運用化、調整、トランザクションなどの領域で複雑なアーキテクチャスタイルだ。最も単純なアーキテクチャの構築に苦労しているというのに、より複雑なアーキテクチャに移行することが、どんな問題解決につながるのだろうか。

> モノリスを構築できないとき、なぜマイクロサービスがその答えだと思うのか。
>
> ——Simon Brown

アーキテクチャの再構築は高くつく。それを始める前に、すでに存在しているもののモジュール化による改善からアーキテクトは恩恵を受けられるかもしれない。もし他に何もなければ、それはその後に続く、より深刻な再構築に向けた優れた出発点と

なる。

マイクロカーネル

　もう1つのよく知られたモノリシックアーキテクチャのスタイル、マイクロカーネルを取り上げよう。マイクロカーネルは、ブラウザや統合開発環境（IDE）などでよく使われているアーキテクチャスタイルだ。図4-7にその概要を示す。

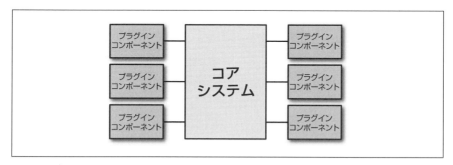

図4-7　マイクロカーネルアーキテクチャ

　図4-7で示したマイクロカーネルアーキテクチャは、プラグイン拡張を可能にするAPIを備えたコアシステムを定義している。このアーキテクチャには、2つの量子サイズが存在する。1つがコアシステムに対するもの、もう1つがプラグインに対するものだ。アーキテクトは一般的に、コアシステムをモノリスとして設計し、拡張ポイントとしてよく知られるフックをプラグイン用に作成する。そして、プラグインは通常、独立してデプロイできるように設計される。このようにして、このアーキテクチャは前向きで漸進的な変更を支援し、開発者によるテスト可能性に適合する設計を可能にし、適応度関数の定義を容易にする。技術的結合の観点から見た場合には、アーキテクトはこれらのシステムを実用上の理由から結合度を低く設計する傾向がある。

　マイクロカーネルアーキテクチャでアーキテクトが直面する主要な課題は、契約を中心としたものになる。契約とは一種の意味的な結合だ。有用な仕事を行うためには、プラグインはコアシステムの内外に情報を渡す必要がある。プラグインが相互の調整を必要としない間は、開発者はコアシステムを使った情報やバージョン管理に集中できる。例えば、ほとんどのブラウザプラグインはブラウザとのみ対話を行い、他のプラグインとはやり取りを行わない。

74 | 4章　アーキテクチャ上の結合

Java IDE の Eclipse [2] のような、より複雑なマイクロカーネルシステムでは、プラグイン間通信をサポートする必要がある。Eclipse のコアは、テキストファイルとやり取りする以上の、特定の言語サポートを提供していない。全ての複雑な機能は、相互に情報をやり取りするプラグインにより実現される。例えば、コンパイラとデバッガは、デバッグセッション中には緊密に調整を行う必要がある。プラグインは他のプラグインの仕事に依存すべきではないため、コアシステムは通信に対処する必要がある。そして、それは契約の調整やバージョン管理のような共通のタスクを複雑にする。この段階での分離は、システムの処理状態を減らすことができるため望ましいものである一方、可能でないことも多い。例えば、Eclipse では、プラグインが機能のために依存プラグインを要求することがよくある。これは、プラグインのアーキテクチャ量子を中心に、別のレベルの過渡的な依存関係管理を生じさせる。

一般的に、マイクロカーネルアーキテクチャには、インストールされたプラグインとそれらがサポートする契約を追跡するレジストリが含まれている。プラグイン間に明示的な結合を作ることは、システムの部品間の意味的な結合を増加させる。その結果、アーキテクチャ量子が大きくなることになる。

マイクロカーネルアーキテクチャは、IDE などのツールで支持される一方、幅広い種類のビジネスアプリケーションにも適用が可能だ。例えば、保険会社を考えよう。請求を処理するための標準的なビジネスルールには全国共通のものもあるが、各州で固有のルールも存在している。このシステムをマイクロカーネルとして構築することで、開発者は必要に応じて新しい州用のサポートを追加したり、州の振る舞いを他の州に影響を与えることなく個別にアップグレードしたりできるようになる。これはプラグインの備える本質的な分離のおかげだ。

マイクロカーネルアーキテクチャは、プラグインによって技術的アーキテクチャを進化させる機会が限定的であれば、妥当なものだ。システムがプラグインと完全に分離されているのなら、進化は容易だ。プラグイン間に結合が存在しないからだ。協調を必要とするプラグインは結合を増やし、進化を妨げる。相互作用するプラグインを持つシステムを設計する場合には、コンシューマ駆動契約（*Consumer-Driven Contract*：CDC）[3] をモデルとした、統合点を保護するための適応度関数を構築しなければならない。マイクロカーネルアーキテクチャのコアシステムは一般的に大きく

---

[2]　http://www.eclipse.org/
[3]　https://martinfowler.com/articles/consumerDrivenContracts.html

なるものが、安定もしている。このアーキテクチャのほとんどの変更はプラグインによって起きるべきだからだ（そうでなければ、アーキテクトは不十分に分割されたアプリケーションを持つことになる）。したがって、漸進的な変更は簡単だ。デプロイメントパイプラインがプラグインへの変更をきっかけにして変更を検証すればよいだけだ。

　アーキテクトは一般的に、マイクロカーネル用の技術アーキテクチャ内にはデータ依存性を含まない。そのため、開発者とDBAはデータの進化を独立して考慮する必要がある。各プラグインを境界づけられたコンテキストとして扱うことは、外部結合を減らすため、アーキテクチャの進化可能性を改善へとつながる。例えば、もし全てのプラグインがコアシステムと同じデータベースを使っているとすると、開発者はデータレベルで発生するプラグイン間の結合について心配する必要がある。各プラグインが完全に独立しているなら、このデータ結合は起こらない。進化的な観点から、マイクロカーネルは以下に示す望ましい特徴の多くを備える。

漸進的な変更

コアシステムが完成すると、ほとんどの動作はプラグイン、すなわち小さな単位のデプロイから生じるはずだ。そのため、プラグインが独立しているのであれば、漸進的な変更は容易になる。

適応度関数による誘導的な変更

このアーキテクチャでは一般的に、コアとプラグインの間が分離しているため、適応度関数の作成は容易だ。開発者は、このコアとプラグインのような、2つのシステム用適応度関数の集合を維持する。コアの適応度関数は、コアへのスケーラビリティのようなデプロイメントの懸念を含んだ変更を防ぐ。一般に、ドメインの振る舞いは独立してテストされるので、プラグインのテストは単純だ。しかし、プラグインのテストを容易に行うには、開発者はコアをうまくモックしたりスタブしたりする必要があるだろう。

適切な結合

このアーキテクチャにおける結合特性は、マイクロカーネルパターンによって明確に定義されている。結合の観点から見て、独立したプラグインの作成は、変更を容易にする。依存プラグインは調整をより困難にする。開発者は適応度関数を使って依存コンポーネントが適切に結合されていることを保証する必要がある。

これらのアーキテクチャには、開発者が主要なアーキテクチャ特性を維持していることを保証するためにホリスティックな適応度関数を含める必要もある。例えば、個々のプラグインはスケーラビリティのようなシステムの性質に影響を与える可能性がある。したがって、開発者はホリスティックな適応度関数として動作する統合テストスイートを持つことを計画する必要がある。依存プラグインを持つシステムの場合には、開発者は契約とメッセージの一貫性を保証するホリスティックな適応度関数も備える必要がある。

4.3.3　イベント駆動アーキテクチャ

イベント駆動アーキテクチャ（*Event-Driven Architectures*：EDA）は通常、メッセージキューを使い、複数の異なるシステムを統合する。この種類のアーキテクチャには、Broker パターンと Mediator パターンというよく知られた2つの実現方式がある。各パターンには異なるコア能力がある。ここからは、パターンの詳細と進化への影響をそれぞれ個別に見ていく。

Broker（ブローカー）

Broker 型 EDA では、アーキテクチャコンポーネントは次の要素から構成される。

メッセージキュー
　メッセージキューは JMS（Java Messaging Service）などの様々な技術で実装される。

初期化イベント
　ビジネスプロセスを開始するイベント。

プロセス内イベント
　ビジネスプロセスを満たすためにイベントプロセッサ間でやり取りされるイベント。

イベントプロセッサ
　実際のビジネスプロセスを行うアクティブなアーキテクチャコンポーネント。2つのプロセッサが連携する必要がある場合には、キューを介してメッセージをやり取りする。

一般的なBroker型EDAのワークフローを図4-8に示す。図4-8は、保険会社の顧客が住所変更をする際のワークフローだ。

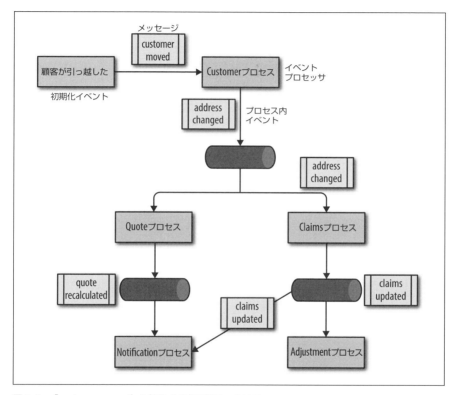

図4-8 「customer moved」を処理する非同期ワークフロー

図4-8に示すように、初期化イベントはcustomer movedだ。最初に関与するイベントプロセッサはCustomerプロセスだ。Customerプロセスは内部の住所レコードを更新する。それが完了すると、address changedメッセージキューにメッセージがポストされる。QuoteプロセスとClaimsプロセスはそれぞれこのイベントに応答し、それぞれの特性を更新する。サービスには調整が必要ないため、これらの操作は並列に行えることに注目してほしい。これがこのアーキテクチャの主な利点だ。それらが完了すると、各プロセッサはNotificationなどの関連するキューにメッセージをポストする。

Broker 型 EDA で堅牢な非同期システムを構築しようとすると、いくつかの設計上の難問に直面することになる。例えば、中心となる調整役がいないため、協調やエラーハンドリングが難しくなる。このアーキテクチャの構成部品は、高度に疎結合化されている。しかし、それが原因で、今度はビジネス処理に機能的凝集を復活させざるを得なくなってしまうのだ。同じ理由から、トランザクションのような振る舞いの実現も、このアーキテクチャではずっと難しいものとなる。

実装上の課題に関わらず、Broker 型 EDA は非常に進化しやすいアーキテクチャだ。既存のイベントキューに新しいリスナーを追加することによって、開発者は既存の振る舞いに影響を与えることなくシステムに新しい振る舞いを追加できる。例えば、保険会社が全ての請求更新に監査を追加する場合を考えてみよう。開発者は、既存のワークフローに影響を与えることなく、Audit リスナーを Claims イベントキューに追加できるだろう。

漸進的な変更

Broker 型 EDA は複数の形で漸進的な変更を可能にする。開発者は一般的にサービスを疎結合に設計し、独立したデプロイを容易にする。疎結合化によって、開発者はアーキテクチャ内で区切りなく変更を行えるようになる。Broker 型 EDA の本質は非同期通信であり、よく知られているように非同期通信をテストすることは難しい。そのため、Broker 型 EDA に対してデプロイメントパイプラインを構築することは難題となるだろう。

適応度関数による誘導的な変更

個々のイベントプロセッサの振る舞いは単純になるので、このアーキテクチャでアトミックな適応度関数を書くのは容易なはずだ。一方、ホリスティックな適応度関数は、このアーキテクチャでは必要だが複雑なものだ。システム全体の動きの大部分は疎結合なサービス間の通信に依存しているため、多面的なワークフローをテストすることは難しくなる。図4-8 のワークフローを考えてみよう。ワークフローの個々の部分は、イベントプロセッサをユニットテストすることによって容易にテストできる。しかし、ワークフロー全体のプロセスをテストするのは、ずっと困難だ。このようなアーキテクチャに対しては、テストの課題を緩和するための様々な方法が存在している。例えば、各要求に一意の識別子をタグ付けした相互 IDS はサービス間の動きを追跡するのに役立つ。同様に、合成ト

ランザクションは、開発者が（例えば洗濯機を注文するといった）実際の操作を行わずに調整ロジックをテストできるようにする。

適切な結合

Broker 型 EDA は結合度が低め、進化的な変更を行う能力を高める。例えば、このアーキテクチャに新しい振る舞いを追加するには、新しいリスナーを既存のエンドポイントに追加するだけだ。そして、それは既存のリスナーには影響を与えない。このアーキテクチャにおいて結合が起こるのは、サービスとそれらが管理するメッセージ契約の間だ。それは機能的凝集の一形態をとる。コンシューマ駆動契約のようなテクニックを使った適応度関数は、統合点を管理し、破損を回避するのに役立つ。

Broker 型 EDA に向いているビジネスプロセスでは、イベントプロセッサは通常ステートレスで、疎結合化され、独自のデータを所有し、進化を容易にする。データベースのような外部結合の問題が少なくなるからだ。詳しくは 5 章で説明する。

Mediator（メディエーター）

もう 1 つのよく知られた EDA パターンに Mediator がある。Mediator では、調整役の振る舞いをするハブとなる追加のコンポーネントが登場する。このパターンを図4-9 に示す。

図4-9 に示すように、Mediator は customer moved 初期化イベントを処理し、change address（住所変更）、recalc quotes（値付けの再計算）、update claims（注文の更新）、adjust claims（注文の調整）、notify insured（被保険者への通知）などが定義されたワークフローを流す。Mediator は、適切なイベントプロセッサを誘発するキューにメッセージをポストする。Mediator が調整を処理するものの、このアーキテクチャはまだ EDA であり、処理のほとんどを並行して実行できる。例えば、recalc quotes プロセスや update claims プロセスは並行で実行される。全てのタスクが完了すると、ステータスメッセージを 1 つだけ生成するために、Mediator は notify insured キューにメッセージを作成する。他のプロセッサとの通信を必要とするイベント処理は、全て Mediator を介して行われる。このタイプのアーキテクチャでは、イベントプロセッサは他のプロセッサを一般には呼び出さない。直接のやり取りをバイパスする重要なワークフロー情報を Mediator が定義するからだ。図4-9 において、

Mediator内に示されている垂直バーが並行実行とサービスの要求と応答の調整の両方を示していることに注目してほしい。

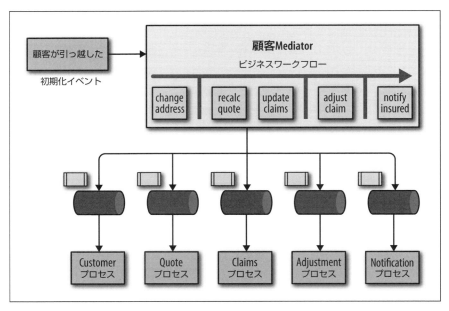

図4-9 Mediatorアーキテクチャにおける「customer moved」ワークフロー

このトランザクションの調整が、Mediatorアーキテクチャの主な利点である。Mediatorでは、プロセス間でエラーが発生しないこと、被保険者への単一のステータスメッセージを生成することが保証できる。Broker型EDAでは、この種の調整はずっと難しい。例えば単一の通知メッセージを生成するには、Notificationイベントプロセッサか、あるいはこの集約を扱うため明示的なメッセージキューを介して調整が行われるだろう。非同期アーキテクチャは、調整やトランザクションの振る舞いをめぐる課題を作るものの、一方で素晴らしい並行スケールを提供する。

漸進的な変更

Broker型EDAと同様、一般的にMediator型EDAのサービスは小さく、自己完結型だ。したがって、このアーキテクチャは運用上の利点の多くをBroker型と共有する。

適応度関数による誘導的な変更

Broker よりも Mediator の方が適応度関数の構築は容易だ。個々のイベント
プロセッサのテストは、Broker 型と大きく違わない。Broker 型と異なるの
は、ホリスティックな適応度関数を容易に構築できることだ。調整を扱うた
めに Mediator に依存できるからだ。例えば、保険のワークフローであれば、
Mediator が調整を行っているため、開発者は全体のプロセスがうまくいったか
どうかのテストと識別を容易に行える。

適切な結合

多くのテストシナリオは Mediator によって容易になるものの、結合は増加し、
進化を妨げる。Mediator は重要なドメインのロジックを含み、それを取り囲む
ようにアーキテクチャ量子の大きさを増やし、各サービスを互いに結合する。こ
のアーキテクチャでは、開発者が変更を加えるたびに、結合を増やすことになる。
そして他の開発者はワークフロー内で他のサービスへの副作用を考慮する必要が
ある。

進化的な観点では、Broker アーキテクチャは結合を減らすことから明らかな利点
がある。Mediator パターンでは、調整役が影響を受ける全てのサービスを結びつけ
る結合点として機能する。Broker パターンでは、既存のメッセージキューに新しい
プロセッサを追加することで、他に影響を与えることなく動作を進化させることが可
能だ（トラフィックによってキューが過負荷になる場合を除く。この問題は様々な
アーキテクチャパターンと適応度関数によって解決可能なものだ）。Broker パターン
は本質的に疎結合化されているので、進化は容易となる。

これはアーキテクチャによるトレードオフの古典的な例だ。Broker 型 EDA は、
進化可能性、非同期性、スケール、その他望ましい特性の大きさに関して、多くの利
点を提供する。しかし、トランザクションの調整のようなよくあるタスクをより難し
いものにする。

4.3.4　サービス指向アーキテクチャ

多くのハイブリッドを含む、様々なサービス指向アーキテクチャ（*Service-Oriented
Architectures*：SOA）が存在する。ここではいくつかの代表的なアーキテクチャパ
ターンを紹介する。

ESB 駆動 SOA

　数年前に普及した SOA を作る方法の 1 つが、サービスと**サービスバス**を介した調整を中心にアーキテクチャを構築するやり方だ。このサービスバスは一般に**エンタープライズサービスバス**（*Enterprise Service Bus*：ESB）と呼ばれる。サービスバスは込み入ったイベントのやり取りに対する仲介者として機能し、メッセージの変換やコレオグラフィといった、統合アーキテクチャの様々な一般的な仕事を扱う。

　ESB アーキテクチャは、一般に EDA と同じ構成要素からなるものの、サービスの構成は異なる。それは厳密に定義されたサービス分類に基づいている。ESB のスタイルは構成によって異なるが、全ては再利用性、共有の概念、スコープを基にしたサービスの分離に基づいている。代表的な ESB SOA を図 4-10 に示す。

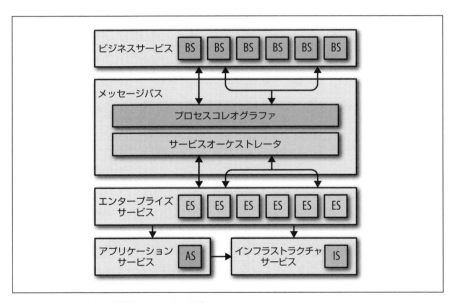

図 4-10　ESB SOA の典型的なサービス分類

　図 4-10 で、アーキテクチャの各レイヤは特定の責務を担っている。ビジネスサービスは粗い粒度のビジネスの機能性を抽象的に定義する。それは BPEL（*Business Processing Execution Language*）[†4] などの規格を用いてビジネスユーザーによって

---

†4　https://ja.wikipedia.org/wiki/BPEL

定義される。ビジネスサービスのゴールは、企業が何をするかを抽象的な方法で把握することだ。これらのサービスを正しい抽象度で定義できたかどうか判断するには、それぞれのサービス名（CreateQuote や ExecuteTrade など）について「我々は○○を業務としているか」と自問する。開発者は見積を行う際に CreateCustomer サービスを呼び出すかもしれない。しかし、それはビジネスの中心的な主眼ではなく、どちらかというと必要な中間ステップだ。

　抽象的なビジネスサービスは、それらの振る舞いを実装するためにコードを呼び出す必要がある。コードとは、**エンタープライズサービス**、すなわちサービスチームによって実際に共有、所有される具体的な実装だ。このチームの目標は、アーキテクトがコレオグラフィを使ってビジネスの実装を「つなぎ合わせる」ことができるような、再利用可能なサービス統合を作ることだ。開発者は、高度な再利用を目指して、適切なエンタープライズサービスを設計する（これがよく失敗する理由を理解したければ、「7.1.4　アンチパターン：コード再利用の乱用」を参照してほしい）。

　高度な再利用を必要としないサービスもある。例えば、システムの一部が位置情報を必要とするものの、それは完璧なエンタープライズサービスにするためにリソースを十分に配分するほどには重要ではないとする。そうしたサービスに該当するのが、**図4-10** の左下にある**アプリケーションサービス**だ。アプリケーションサービスは、特定のアプリケーションコンテキストに結び付けられるもので、再利用を目的とはしておらず、一般的に特定のアプリケーションチームによって所有される。

　インフラストラクチャサービスは、インフラストラクチャチームによって所有される共有サービスで、監視やログ、認証・認可などの非機能要件を処理する。

　ESB 駆動 SOA の特徴を定義するのは、メッセージバスのアーキテクチャコンポーネントであり、次のような様々なタスクを受け持つ。

仲介とルーティング
　メッセージバスはサービスを検出し通信する方法を知っている。メッセージバスは一般的に、物理的な場所やプロトコルをはじめとするサービスの呼び出しに必要な各種情報のレジストリを保持している。

プロセスのコレオグラフィとオーケストレーション
　メッセージバスは、エンタープライズサービスを共に構成し、呼び出し順序のようなタスクを管理する。

メッセージ拡張と変換

統合ハブの利点の1つは、アプリケーションに代わってプロトコルや他の変換を処理できることだ。例えば、サービスAはHTTPを「話し」、そしてサービスBを呼び出す必要があるとする。しかし、サービスBはRMI/IIOPだけしか「話せない」。こうした場合には、必要なときはいつでも目に見えない形でこの変換を処理できるよう、サービスバスを構成できる。

ESB駆動SOAのアーキテクチャ量子はとてつもなく莫大だ。それはモノリスのようにシステム全体を包括するが、分散アーキテクチャであるため、モノリスよりもはるかに複雑なものとなる。分類は再利用を助けるものの、通常の変更に悪影響を与える。そのため、ESB駆動SOAでは1つだけの進化的変更を行うことが並外れて難しい。例えば、SOA内でドメイン概念 CatalogCheckout を考えると、それは技術アーキテクチャ全体にしみわたっている。CatalogCheckout だけを変更するには、アーキテクチャの部品間（異なるチームで共有しているもの）の調整が必要となり、それは膨大な量の調整摩擦を発生させることになる。

この CatalogCheckout の表現を、マイクロサービスの境界づけられたコンテキストによる分割と対比しよう。マイクロサービスアーキテクチャでは、それぞれの境界づけられたコンテキストは、ビジネスプロセスかワークフローを表現する。したがって、開発者は CatalogCheckout のようなものを中心に境界づけられたコンテキストを構築する。CatalogCheckout が Customer についての詳細を必要とするが、それぞれの境界づけられたコンテキストはそれぞれにエンティティを「所有」する可能性が高い。もし他の境界づけられたコンテキストが Customer の概念を持っていたとしても、開発者は1つの共通的な Customer クラスへと統一しようとはしない（ESB駆動SOAでは、こうした場合に1つの共通クラスへ統一することは好ましいアプローチだ）。境界づけられたコンテキストである CatalogCheckout と ShipOrder が顧客に関する情報を共有する必要がある場合には、1つの表現へと統一しようとはせずに、メッセージングを介して情報の共有を実現する。

ESB駆動SOAは、進化の性質を示すようには決して設計されていなかった。したがって、進化的アーキテクチャの側面のどれもが以下のように高い度合いを示さなくても、それは驚くことではない。

漸進的な変更

十分に確立された技術サービス分類を持つことは、リソースの再利用と分離を可能にする一方で、ビジネスドメインに対する最も一般的なタイプの変更を大幅に妨げることになる。ほとんどの SOA チームはアーキテクチャと同じように分割されていて、一般的な変更に対する調整に大変な労力を要する。ESB 駆動 SOA は、運用が難しいことでもよく知られている。ESB 駆動 SOA は、一般に複数の物理的なデプロイ単位から構成され、それは調整や自動化に関する課題を生じさせる。アジャイルさや運用しやすさという観点からは、ESB 駆動 SOA は選択肢にならない。

適応度関数による誘導的な変更

ESB 駆動 SOA でテストを行うことは困難だ。完結している部品は 1 つもない。全ての部品は、巨大なワークフローの一部であり、一般的に独立したテストを行えるようには設計されていない。例えば、エンタープライズサービスは再利用を目的に設計されている。しかし、それは様々なワークフローの一部にしかすぎないため、サービスのコアの動作をテストすることは困難だ。アトミックな適応度関数を構築することは事実上不可能であり、ほとんどの検証作業はエンドツーエンドでテストを行う巨大にスケールしたホリスティックな適応度関数に任されることになる。

適切な結合

再利用可能性という観点からは、大げさな分類は理にかなっている。各ワークフローの再利用可能な本質部分を何とか形にできるのなら、開発者は最終的には企業の動き全てを完全に書き揃え、将来のアプリケーション開発は既存のサービスを接続することだけで構成されることだろう。しかし、現実の世界においては、そうしたことが常に可能なわけではない。ESB 駆動 SOA は独立して進化可能なようには部品は作られていないため、そのサポートはとても貧弱だ。分類別の再利用を設計することは、アーキテクチャレベルで進化的な変更を行う能力を損なう。

ソフトウェアアーキテクチャは孤立した中で作られるのではなく、常にそれが定義されたエコシステムを反映する。SOA が人気のアーキテクチャスタイルだったころは、企業はオープンソースシステムのようなツールを使わなかった。全てのインフラ

ストラクチャが、ライセンスを必要とする高価な商用製品だったからだ。もし10年前に、開発者がマイクロサービスアーキテクチャを検討していたとすると、全てのサービスが独自のオペレーティングシステムとマシンを持つインスタンス上で実行されるため、アーキテクチャのコストはびっくりするくらい高くつくことになり、その開発者は運用センターを笑って出ていくことだろう。ソフトウェア開発エコシステムの動的平衡のおかげで、新しいアーキテクチャは文字通り新しい環境から生じることになる。

それでも、重い環境やスケール、分類、その他の統合に関する正当な理由から、アーキテクトがESB駆動SOAを選択する可能性もある。彼らは、ESB駆動SOAがまったく向いていない進化可能性のためではなく、別の理由からそのアーキテクチャを採用するのだ。

マイクロサービス

継続的デリバリーの開発プラクティスと、境界づけられたコンテキストによる論理的分割を組み合わせることによって、マイクロサービスアーキテクチャの哲学的基礎がアーキテクチャ量子の考え方とともに形作られる。

レイヤ化アーキテクチャでは、**技術的**な次元、あるいはアプリケーションの仕組みをどう**機能**させるか(永続化、UI、ビジネスルールなど)に焦点が当たっていた。ほとんどのソフトウェアアーキテクチャは、主にこうした技術的次元に焦点を当てている。しかし、さらなる視点が存在する。アプリケーション内の主要な境界づけられたコンテキストが*Checkout*だったとしよう。レイヤ化アーキテクチャだと、それはどこに存在するだろうか。レイヤ化アーキテクチャでは、*Checkout*のようなドメイン概念はレイヤ全体にしみわたっている。アーキテクチャは技術レイヤを介して分離されているため、図4-11に示すように、このアーキテクチャ内にはドメインの次元に関する明確な概念が存在しない。

図4-11では、*Checkout*のある部分はUIに、別の部分はビジネスルール内に存在し、永続化は最下層のレイヤで処理される。レイヤ化アーキテクチャはドメイン概念に対応するように設計されていない。そのため、開発者はドメインを変更するために各レイヤを変更する必要がある。ドメインの観点からは、レイヤ化アーキテクチャの進化可能性はゼロに等しい。高度に結合したアーキテクチャの変更は難しい。開発者が変更する部品間の結合度が高いからだ。しかし、ほとんどのプロジェクト

では、一般的な変更の単位はドメイン概念を中心に展開される。もしソフトウェア開発チームがレイヤ化アーキテクチャでの役割に似たサイロに編成されているなら、*Checkout* の変更には多くのチームをまたいだ調整が必要となる。

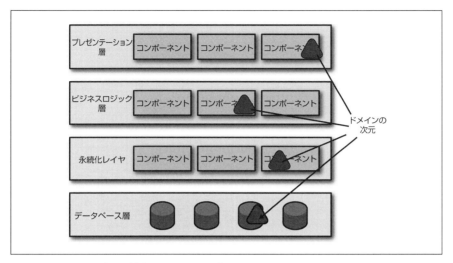

図4-11　ドメインの次元は技術アーキテクチャ内に組み込まれている

　対照的に、図4-12のような、ドメインの次元がアーキテクチャの主な分離の単位であるアーキテクチャを考えてみよう。

　図4-12に示すように、各サービスはDDDのドメイン概念を中心に定義され、技術アーキテクチャと他の全ての従属コンポーネント（データベースなど）を境界づけられたコンテキスト内にカプセル化し、高度に疎結合化されたアーキテクチャを形成する。各サービスは境界づけられたコンテキストの全ての部分を「所有」し、他の境界づけられたコンテキストとメッセージング（RESTやメッセージキューなど）を介して通信する。したがって、他のサービスの実装詳細（データベーススキーマなど）を知るサービスは存在せず、不適切な結合が防止される。他のサービスを中断することなく、あるサービスを別のサービスに置き換えることが、このアーキテクチャの運用目標だ。

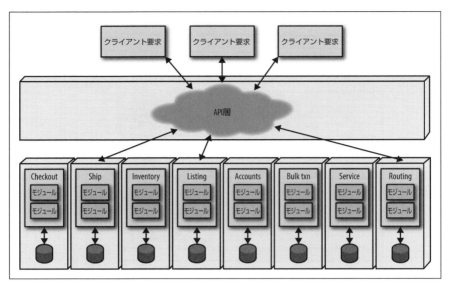

図4-12 マイクロサービスアーキテクチャでは、ドメイン単位で分割し、技術アーキテクチャをそこに組み込む

マイクロサービスアーキテクチャは一般に、『マイクロサービスアーキテクチャ』（オライリー・ジャパン）[7] に記された以下の7つの原則に従う。

ビジネスドメインに沿ったモデル化

マイクロサービスの設計における重点は、技術的なアーキテクチャではなく、ビジネスドメインに置かれる。したがって、量子は境界づけられたコンテキストを反映する。なかには、境界づけられたコンテキストが Customer のような単一のエンティティを表すという誤った関連付けを行ってしまう開発者もいるが、そうではない。境界づけられたコンテキストは、CatalogCheckout のようなビジネスコンテキストやワークフローを表現する。マイクロサービスの目標は、少数の開発者がそれぞれのサービスをどう作るかを見守ることではなく、有益な境界づけられたコンテキストを作成することにある。

実装詳細の隠蔽

マイクロサービスの技術アーキテクチャは、ビジネスドメインに基づいたサービス境界内にカプセル化されている。各ドメインは、物理的な境界づけられたコン

テキストを形作る。サービスはデータベーススキーマのような詳細を公開することによってではなく、メッセージやリソースを交換しあうことで相互結合される。

自動化の文化

マイクロサービスアーキテクチャは、デプロイメントパイプラインを使用してコードを厳密にテストしたり、マシンプロビジョニングやデプロイメントといった作業を自動化したりすることで、継続的デリバリーを活用する。特に自動化テストは、急変する環境において非常に役立つ。

高度な分散化

マイクロサービスは**無共有アーキテクチャ**を形成する。その目標は、できるだけ結合を減らすことだ。一般的に、結合よりも重複の方が望ましい。例えば、CatalogCheckout サービスと ShipToCustomer サービスの両方が Item という概念を持つ。両方のチームが同じ名前と同じプロパティを持つので、開発者はサービスをまたいでそれを再利用しようと試みる。それが時間や労力の節約につながると考えるからだ。けれど、それは労力を増やす結果となる。なぜなら、コンポーネントを共有する全てのチームが変更を伝搬しなければならなくなるからだ。一方、コンポーネントを結合せずに各サービスに Item があり、必要な情報だけをCatalogCheckout から ShipToCustomer に渡す場合は、それらは独立して変更することが可能だ。

独立したデプロイ

開発や運用は、各サービスコンポーネントが他のサービス（及び他のインフラストラクチャ）とは独立してデプロイされることを期待している。サービスコンポーネントとは、境界づけられたコンテキストの物理的な表現が反映されたものだ。開発者があるサービスを他のサービスに影響を与えることなくデプロイできることは、このアーキテクチャスタイルの明らかな利点の1つだ。さらに、開発者は一般的に、並行テストや継続的デリバリーを含む、全てのデプロイや運用タスクを自動化する。

障害の分離

開発者は、個別のサービス内での障害やサービスの調整における障害を分離する。それぞれのサービスは、合理的なエラーシナリオを処理し、可能であれば回復することが期待されている。DevOps 向けの多くのベストプラクティス（サーキッ

トブレーカー[†5]や隔壁[†6]など）は、このアーキテクチャのなかで一般的に使われる。多くのマイクロサービスアーキテクチャは、より堅牢なシステムにつながる運用原理と調整原則のリスト、そしてReactive宣言[†7]に準拠している。

高度な観察可能性

開発者は何千ものサービスを手動で監視することを望まない（1人の開発者がいったいどれだけ多くのマルチキャストSSHターミナルセッションを観察できるだろうか）。したがって、このアーキテクチャでは監視とロギングが第一級の関心事となる。もし運用がこれらのサービスの1つを監視できない場合、そのサービスは存在しない可能性すらある。

マイクロサービスの主な目的は、物理的な境界づけられたコンテキストを介してドメインを分離し、問題領域の理解に力を入れることだ。したがって、アーキテクチャ量子はサービスであり、これによってマイクロサービスは進化的アーキテクチャの優れた例となる。もしあるサービスがデータベースを変更する必要があったとしても、他のサービスはその影響を受けない。スキーマのような実装詳細を知ることができないからだ。もちろん、サービスを変更する側の開発者は、それまでと同様の情報を統合点の先に提供しなければならないはずだ（**コンシューマ駆動契約**のような適応度関数によって保護されていることが望ましい）。そうすることで、呼び出し側の開発者は変更が起こったことを知らないで済むという至福を味わうことができる。

マイクロサービスが我々の進化的アーキテクチャの典型であるなら、それが進化的な観点でうまくいくとしても驚くべきことはないだろう。

漸進的な変更

マイクロサービスアーキテクチャでは、開発と運用のどちらの側面でも漸進的な変更は容易だ。各サービスはドメイン概念を中心に境界づけられたコンテキストを形作るため、そのコンテキストだけに影響する変更は容易に行える。マイクロサービスアーキテクチャは**継続的デリバリー**の自動化プラクティスに大きく依存

[†5] https://martinfowler.com/bliki/CircuitBreaker.html（日本語訳：http://bliki-ja.github.io/CircuitBreaker/）

[†6] 訳注：システムを区分することで、システムの一部における障害が全体の破壊に至るのを防ぐ安定性のパターン。詳しくは『Release It』（オーム社）[8]を参照のこと。

[†7] https://www.reactivemanifesto.org/ja

し、デプロイメントパイプラインと現代の DevOps 実践を活用する。

適応度関数による誘導的な変更

マイクロサービスアーキテクチャでは、アトミックな適応度関数とホリスティックな適応度関数の両方を容易に構築できる。各サービスが明確に定義された境界を持つことで、サービスコンポーネント内で様々なレベルのテストを行える。サービスは統合を介して調整する必要があるため、そのためのテストも必要だ。幸いにも、マイクロサービスの発展とともに、洗練されたテスト技術が成長してきている。

適切な結合

マイクロサービスアーキテクチャは一般的に2種類の結合を持つ。**統合**と**サービステンプレート**だ。統合による結合は明らかだ。サービスは情報をやり取りするためにお互いに呼び合う必要がある。もう一方のタイプの結合であるサービステンプレートは、有害な重複を防ぐ。様々な構成がマイクロサービス内で一貫して管理されていれば、それは開発と運用にとって役立つ。例えば、各サービスは監視やロギング、認証・認可をはじめとする各種「配管」機能を必要とする。各サービスチームが責任を放棄したなら、コンプライアンスやアップグレードのようなライフサイクルマネジメントが確実に損なわれることになるだろう。サービステンプレートに適切な技術アーキテクチャの結合点を定義することで、インフラストラクチャチームは、個々のサービスチームを心配から解放するとともに、その結合を管理できる。ドメインチームは、単にテンプレートを拡張し、その動作を記述するだけだ。インフラストラクチャを変更するためにアップグレードする際は、テンプレートは次回のデプロイパイプライン実行時に自動的にそれを選択する。

マイクロサービスの物理的に境界づけられたコンテキストは、我々のアーキテクチャ量子の考え方と正確に相関している。それは物理的に疎結合化されたデプロイ可能なコンポーネントであり、高度な機能的凝集を備える。

マイクロサービススタイルのアーキテクチャの重要な原則の1つは、ドメインに境界づけられたコンテキスト間を厳密に分割することだ。技術アーキテクチャは、DDD の境界づけられたコンテキストの原則に従い各サービスへと物理的に分割された、ドメイン部品の中に組み込まれる。技術的観点から見ると、それは**無共有アーキ**

テクチャへとつながる。各サービスに期待される物理的な分割は、置き換えの容易さ
や進化を可能にする。それぞれのサービスが境界づけられたコンテキスト内に技術
アーキテクチャを組み込むということは、いずれのサービスも必要に応じて進化して
いけるということだ。したがって、マイクロサービスにおける進化可能性の次元は
サービスの数に対応する。それぞれのサービスは高度に疎結合化されているため、そ
れぞれのサービスの開発者は独立したものとしてサービスを扱える。

「無共有」と適切な結合

アーキテクトはマイクロサービスのことをよく「無共有（shared-nothing）」
アーキテクチャと呼ぶ。このアーキテクチャスタイルの主な利点は、技術アー
キテクチャにおける結合がないことだ。しかし、結合を否定する人は通常「不
適切な結合」についての話をしている。結局のところ、まったく結合がないソ
フトウェアシステムは、ほとんど能力を持たない。「無共有」が本当に意味する
のは「絡まった結合点がない」ということだ。マイクロサービスでさえ、ツー
ル、フレームワーク、ライブラリなどといったいくつかを共有し、調整する必
要がある。例えば、ロギング、監視、サービスディスカバリなどだ。サービス
に監視の能力を追加したことを忘れているサービスチームは、デプロイ時に被
害にあう。マイクロサービスアーキテクチャでは、サービスを監視できなけれ
ば、サービスはブラックホールへと消え去ることになる。

サービステンプレート（DropWizard[8] や SpringBoot[9] のような）は、マイ
クロサービスのこうした問題に対する一般的な解決策だ。こうしたフレーム
ワークによって、DevOps チームは一貫したツール、フレームワーク、バー
ジョンといったものをサービステンプレートに組み込める。サービスチームは、
そのテンプレートを使ってビジネスロジックをはめ込んでおく。すると、監視
ツールなどが更新された際も、サービスチームは、他のチームを煩わせること
なくサービステンプレートへの更新を調整できる。

---

[8]　http://www.dropwizard.io/
[9]　http://projects.spring.io/spring-boot/

明確なメリットがあるのであれば、なぜ開発者はこのスタイルを採用していないのだろうか。10年前、マシンの自動プロビジョニングは不可能だった。オペレーティングシステムは商用ライセンスであり、自動化のサポートはほとんどなかった。予算などの現実の制約もアーキテクチャに影響を与え、開発者がずっとずっと複雑なリソースを共有するアーキテクチャを構築し、アーキテクチャが技術レイヤで分離されていたことの理由の1つだ。運用が高くついたり厄介な場合には、ESB駆動SOAのように、アーキテクトはそれを中心にアーキテクチャを構築する。

継続的デリバリー運動とDevOps運動は、動的平衡に新たな要素を追加した。現在では、マシンの定義はバージョン管理され、思い切った自動化をサポートしている。デプロイメントパイプラインは、複数のテスト環境を並行でスピンアップし、安全な継続的デプロイメントをサポートしている。ソフトウェアスタックの多くがオープンソースであることから、ライセンスをはじめとする各種の懸念事項は、もはやアーキテクチャに影響を与えない。コミュニティはソフトウェア開発エコシステムに現れた新しい機能に反応して、よりドメイン中心のアーキテクチャスタイルを構築するようになった。

マイクロサービスアーキテクチャでは、ドメインが技術アーキテクチャをはじめとする各種アーキテクチャをカプセル化することで、ドメインの次元を超えた進化を容易にする。アーキテクチャに「正しい」視点は1つもない。しかし、アーキテクチャは開発者がプロジェクトの中で作り上げる目標を反映する。技術アーキテクチャが焦点の全てであれば、次元を超えた変更を加えることは容易だ。しかし、ドメインの視点を無視すると、次元を超えた進化は巨大な泥団子も同然となる。

アーキテクチャレベルでアプリケーションの進化に影響を与える主な要因の1つに、システムの各部が意図せずに結合されているかどうかという点がある。例えば、レイヤ化アーキテクチャでは、アーキテクトは意図した方法で明確にレイヤを結合する。ただし、ドメインの次元は**意図せず**に結合されることになるため、その次元での進化は難しくなる。アーキテクチャがドメインではなく技術アーキテクチャのレイヤを中心に設計されているからだ。したがって、進化可能なアーキテクチャの重要な側面の1つは、次元をまたいだ適切な結合となる。8章では、実践的な目的で量子の境界を特定して利用する方法を説明する。

サービスベースアーキテクチャ

より一般的に使用されている移行用のアーキテクチャスタイルに、**サービスベースアーキテクチャ**がある。このアーキテクチャはマイクロサービスと似ているものの、サービス粒度、データベースのスコープ、ミドルウェアの統合という3つの重要な点で違いがある。ドメイン中心であることに変わりはないが、サービスベースアーキテクチャは、既存のアプリケーションを進化的なアーキテクチャへと再構築する際に開発者が直面するいくつかの課題にも取り組む。

より大きなサービス粒度

このアーキテクチャにおけるサービスは、純粋なドメイン概念を中心としたものよりも大きく、「モノリスの一部」のような粒度となる傾向がある。依然としてドメイン中心ではあるものの、サイズが大きくなることは、（開発、デプロイメント、結合をはじめとする多くの要因から）変更の単位を大きくし、変更を容易に行う能力を低下させる。モノリシックアプリケーションを評価する際、アーキテクトは CatalogCheckout や Shipping などの一般的なドメイン概念を中心に粒度の粗い次元を捉え、それに基づいてアーキテクチャを分割する第一段階を形作ることがよくある。運用の分離が目的であることは、マイクロサービスと同様であるものの、達成はより困難となる。サービスが大きくなるため、開発者は結合点やコードの巨大な固まりのなかにある固有の複雑さをより考慮する必要がある。アーキテクチャは、理想的にはデプロイメントパイプラインやマイクロサービスのような小さな変更単位をサポートすべきだ。開発者がサービスを変更すると、それがデプロイメントパイプラインを誘発し、アプリケーションを含む依存サービスを再構築することが望ましい。

データベーススコープ

サービスベースアーキテクチャは、サービスがどれほどうまく機能しているとしても、モノリシックなデータベースになる傾向がある。多くのアプリケーションでは、数年物（あるいは数十年物）の手に負えないデータベーススキーマをマイクロサービス用の細分化された固まりに再構成することは、現実的に難しい。場合によっては、データを細分化できないことは不都合を生じさせるかもしれない。しかし、問題領域によってはデータを細分化できないことがある。重いトランザクションを処理するシステムは、マイクロサービスにはあまり適していない。ト

ランザクションの動作は、サービス間の調整を要するため、コストが高くつきすぎるからだ。複雑なトランザクション要件を持つシステムには、データベース要件がそこまで厳しくないサービスベースアーキテクチャの方がうまく対応する。

データベースは未分割のままである一方で、データベースに依存するコンポーネントは変更される可能性が高くなり、より粒度が細かくなる。したがって、サービスとその基礎となるデータの対応は変更される可能性はある。しかし、再構築の必要性は低くなる。5章では、進化的データベース設計について紹介する。

統合ミドルウェア

マイクロサービスとサービスベースアーキテクチャにおける3つ目の違いは、サービスバスのような Mediator を介した外部での調整にある。白紙の状態からマイクロサービスアプリケーションを構築する際には、開発者は古い結合点について心配することはない。しかし、恐ろしいのは、多くの環境では依然として機能し続けるレガシーシステムがはびこっていることだ。エンタープライズサービスバスのような統合ハブは、異なるプロトコルと異なるメッセージ形式を持つ異種のサービス間の接着剤となることに長けている。もしアーキテクトが統合アーキテクチャを最優先事項としている場合には、統合ハブを使用することで、依存サービスの追加や変更が容易になる。

統合ハブの使用は、アーキテクチャ上の古典的なトレードオフだ。ハブを使用することで、開発者は少ないコードでアプリケーションを接着でき、サービス間のトランザクション調整を模倣することもできる。しかし、ハブを使用するとコンポーネント間のアーキテクチャ結合は増加し、もはや開発者は他のチームとの調整なしには独立してアプリケーションを変更できなくなる。適応度関数によってこの調整コストの一部は軽減できるものの、開発者が結合を増やすほど、システムは進化が難しくなる。

ここでは、サービスベースアーキテクチャが進化的アーキテクチャの進化をどう妨げるかを示す。

漸進的な変更

このアーキテクチャでは、各サービスがドメイン中心であることから、漸進的な変更は相対的には機能する。ソフトウェアプロジェクトのほとんどの変更はドメ

イン単位で行われるため、変更の単位とデプロイメントの量子とが揃うことになる。サービスサイズが大きくなる傾向があるため、このアーキテクチャはマイクロサービスほどアジャイルではない。しかし、マイクロサービスアーキテクチャの利点の多くは引き継がれる。

適応度関数による誘導的な変更

通常、サービスベースアーキテクチャで適応度関数を書くことは、マイクロサービスでのそれよりもずっと難しい。結合（通常はデータベースにおける結合）が増加し、境界づけられたコンテキストが大きくなるからだ。増加したデータ結合はテストを書くことをずっと困難にし、データ結合の増加はそれ自体が問題の種となる。サービスベースアーキテクチャにおける巨大化した境界づけられたコンテキストは、開発者が内部の結合点を作成する機会を作り出し、テストをはじめとする各種診断を複雑にする。

適切な結合

結合は、しばしばマイクロサービスではなくサービスベースアーキテクチャを追及する理由となる。データベーススキーマを解体することの難しさ、再構築対象のモノリス内での高度な結合などによるものだ。ドメイン中心のサービスを構築することは、適切な結合を保証することに役立ち、サービステンプレートは技術アーキテクチャの結合の適切なレベルを作成するのに役立つ。

サービスベースアーキテクチャは、進化は限定的であるものの、興味をそそる運用特性を示す。サービスベースアーキテクチャは ESB 駆動 SOA アーキテクチャよりも確かに本質的な進化だ。開発者が境界づけられたコンテキストから逸脱しているかの度合いは、量子サイズやどれくらい結合が損傷するかに大きく左右する。

サービスベースアーキテクチャは、マイクロサービスの哲学的純粋性と多くのプロジェクトの実践的な現実との間の良い妥協点だ。サービスサイズ、データベースの独立性、偶発的だが有効な結合などに関する制約を緩めることで、このアーキテクチャはマイクロサービスの最もつらい側面を解決しつつ、多くの利点を引き継ぐ。

4.3.5 「サーバーレス」アーキテクチャ

「サーバーレス」アーキテクチャはソフトウェア開発の平衡における最近の変化だ。2 つの広い意味を持っており、その両方が進化的アーキテクチャに適応可能となって

いる。

　「クラウド」上のサードパーティのアプリケーションやサービスに大きくあるいは主に依存するアプリケーションは、BaaS（Backend as a Service）と呼ばれる。図4-13に示す、簡略化した例を考えよう。

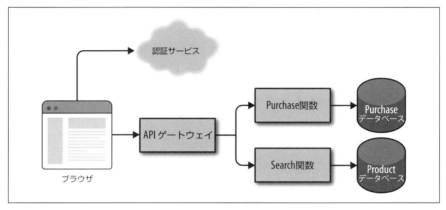

図4-13　サーバーレス BaaS

　図4-13では、開発者はほとんどコードを書かない。代わりに、アーキテクチャは、認証やデータ転送をはじめとする統合アーキテクチャ要素を含んだサービスを結び付け、構成する。このタイプのアーキテクチャは魅力的だ。なぜなら、組織が書くコードが少なければ少ないほど、保守する必要のあるコードも少なくなるからだ。しかし、統合重視のアーキテクチャは独自の課題をもたらす。

　他のタイプのサーバーレスアーキテクチャにはFaaS（Function as a Service）というものもある。こちらは、（少なくとも開発者の視点からは）全体的なインフラストラクチャを構築することを避け、リクエストごとにインフラストラクチャをプロビジョニングし、スケーリングやプロビジョニングといった多くの管理職務を自動で処理する。FaaSにおける関数は、サービスプロバイダによって定義されたイベント種別により実行される。例えば、Amazon Web Services（AWS）はよく知られたFaaSプロバイダだ。AWSは、ファイルの更新（S3上の）や時間（スケジュールされたタスク）、メッセージバスに追加されたメッセージ（Kinesis[†10]など）によって実行さ

[†10] https://aws.amazon.com/jp/kinesis/

れるイベントを提供している。多くの場合、プロバイダはリクエストにかかる時間を制限するが、加えて、それ以外の制約を課すこともある。それは主には状態に関するものだ。FaaS関数はステートレスであるため、一般的には呼び出し元に状態を管理する負担がかかることになる。

漸進的な変更

サーバーレスアーキテクチャにおいて漸進的な変更を行う場合は、コードを再デプロイする必要がある。全てのインフラストラクチャは「サーバーレス」の抽象化の背後に存在している。このタイプのアーキテクチャは、開発者が変更を加える際のテストや漸進的なデプロイメントを処理するデプロイメントパイプラインと相性が良い。

適応度関数による誘導的な変更

統合点の一貫性を保証するため、このタイプのアーキテクチャでは適応度関数は重要だ。サービス間の調整がキーとなるため、開発者はホリスティックな適応度関数の割合を高くする。サードパーティのAPIが合わなくなっていないことを保証するため、開発者はホリスティックな適応度関数を様々な統合点のコンテキストで実行する必要がある。アーキテクトは、統合点間において腐敗防止層を頻繁に構築し、「7.1.1　アンチパターン：ベンダーキング」に記述したアンチパターンであるベンダーキングを回避する。

適切な結合

進化的アーキテクチャの視点から見ると、FaaSは魅力的だ。技術アーキテクチャや運用上の懸念、セキュリティ問題など、いくつかの次元を考慮しないで済むからだ。このアーキテクチャは進化が容易な一方で、実施上の配慮点を中心とした手に負えない制約に悩むことになり、その複雑さの多くを呼び出し側へと押し付ける。例えば、FaaSは弾力的なスケーラビリティを処理する一方で、呼び出し側は、トランザクション動作をはじめとする、いかなる複雑な調整であっても処理しなくてはならない。従来のアプリケーションでは、通常、トランザクションの調整はバックエンドによって処理されていた。しかし、BaaSがその動作をサポートしないのなら、調整は（サービスの呼び出し側である）ユーザーインターフェイスが担わざるを得ない。

解決しなければならない実際の問題に照らし合わせて評価することなしに、アーキテクチャを選んではならない。

アーキテクチャが問題領域と一致していることを確認しよう。不適切なアーキテクチャに強制的に合わせてはならない。

サーバーレスアーキテクチャは多くの魅力的な機能があるものの、制限もある。特に、包括的な解決策はしばしば「7.1.3　アンチパターン：ラスト10%の罠」によって苦しめられる。チームが構築する必要があるほとんどのものには素早く対応できるが、完全な解決策を構築しようとするとくじかれるというアンチパターンだ。

4.4　量子の大きさをコントロールする

アーキテクチャの量子サイズは、開発者が進化的な変更をいかに簡単に行えるかに大きく作用する。モノリスやESB駆動SOAのような量子サイズの大きなアーキテクチャは進化が難しい。変更ごとに調整が必要になるからだ。Broker型EDAやマイクロサービスのような、より疎結合化されたアーキテクチャは、進化を容易にするためのより多くの手段を提供する。

アーキテクチャを進化させる上での構造上の制約は、開発者がどううまく結合や機能的凝集を扱うかにかかっている。もし開発者が十分に定義されたモジュール式のコンポーネントシステムを構築するなら、進化はより容易になる。開発者がモジュール性やコンポーネントの分離に熱心に取り組んでいれば、疎結合化によってアーキテクチャ量子の大きさが小さくなるため、たとえモノリスを構築したとしても、アーキテクチャの進化可能性は増えるはずだ。

アーキテクチャ量子が小さければ小さいほど、アーキテクチャはますます進化しやすくなる。

4.5　ケーススタディ：コンポーネント循環を防ぐ

PenultimateWidgetsには、アクティブに開発を行っているいくつかのモノリシックアプリケーションがある。コンポーネントを設計する際のアーキテクトの目標の1つには、自己完結型コンポーネントの作成がある。コードを分離すればするほど、変更を容易にできるというものだ。強力なIDEを持つ多くの言語に共通の問題は、パッケージの**循環依存**だ。よくあるシナリオを図4-14に示す。

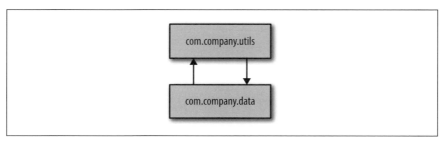

図4-14　パッケージの循環依存

図4-14では、com.company.dataパッケージがcom.company.utilsパッケージをインポートし、com.company.utilsパッケージがcom.company.dataパッケージをインポートしている。どちらのコンポーネントも、もう片方のコンポーネントを引っ張ることなしには使えず、コンポーネント循環を作っている。当然ながら、循環は変更可能性を傷つける。複雑な循環のネットワークが漸進的な変更を難しくするからだ。JavaやC#のような言語には、（IDEに組み込まれたコードインサイトヘルパーによって）不足しているインポートを提案することで開発者を支援する開発環境がある。開発者はそうしてIDEの助けを借り、日々のコーディングの過程で暗黙のうちに多くのものをインポートしてしまう。そうしてパッケージの循環依存を防止しようとする努力は、ツールによって妨害されてしまうため、それを防ぐことは難しい。

PenultimateWidgetsのアーキテクトは、開発者が誤ってコンポーネント間の循環依存を作ってしまうことを心配している。幸いなことに、彼らはアプリケーションの進化可能性を傷つける要因への対処を助ける仕組みである適応度関数を持っている。悪い習慣を推奨するからと言ってIDEの利点を捨ててしまうのではなく、適応度関数によって工学的な安全ネットを構築できる。多くの代表的なプラットフォームには、循環を解くのに役立つ商用ツールやオープンソースツールが存在している。多く

4.5　ケーススタディ：コンポーネント循環を防ぐ　**│ 101**

は循環を探す静的コード解析ツールの形を取っているが、開発者による修正を支援するためにリファクタリングの「TO-DO」リストを提供するものもある。

　循環が削除された後で、開発者が怠惰な習慣によって新しい循環を導入してしまうことをどのように防げるだろうか。コーディング標準はこの手の問題の役に立たない。コーディングの熱は、開発者が官僚的な政策を覚えておくことを難しくするからだ。その代わりに、テストをはじめとする、役に立ちすぎるツールを警戒するための各種検証メカニズムを確立することが好まれる。

　PenultimateWidgets の開発者は、JDepend という Java プラットフォーム上で有名なオープンソースツールを使う。JDepend には、依存関係の分析に役立つ CUI と GUI 両方のインターフェイスが含まれている。JDepend は Java で書かれているため、開発者は独自の構造的なテストを書くためにその API を利用できる。例4-1 にテストケースを示す。

例4-1　JDepend を使ってプログラム的に循環を識別する

```java
import java.io.*;
import java.util.*;
import junit.framework.*;

public class CycleTest extends TestCase {
    private JDepend jdepend;

    protected void setUp() throws IOException {
        jdepend = new JDepend();
        jdepend.addDirectory("/path/to/project/util/classes");
        jdepend.addDirectory("/path/to/project/web/classes");
        jdepend.addDirectory("/path/to/project/thirdpartyjars");
    }

    /**
     * パッケージがいかなる循環依存も含んでいないことを確認するテスト
     */
    public void testOnePackage() {
        jdepend.analyze();
        JavaPackage p = jdepend.getPackage("com.xyz.thirdpartyjars");
        assertEquals("Cycle exists: " + p.getName(),
                false, p.containsCycle());
```

102 | 4章　アーキテクチャ上の結合

```
    }

    /**
     * 分析したパッケージにいかなる循環依存も含まれていないことを確認するテスト
     */
    public void testAllPackages() {
        Collection packages = jdepend.analyze();
        assertEquals("Cycles exist",
                        false, jdepend.containsCycles());
    }
}
```

　例4-1では、開発者はjdependにパッケージを含むディレクトリを追加している。
そして、testOnePackageで示すように単一のパッケージごとにテストすることも、
testAllPackage()で示すようにコードベース全体をテストすることもできる。プロ
ジェクトが循環の特定と削除という面倒な作業を終えたら、将来の循環の発生を防ぐ
ために、testAllPackages()をアプリケーションアーキテクチャの適応度関数として
据えよう。

5章
進化的データ

Pramod Sadalage による寄稿

　リレーショナルデータベースを始めとする各種データストアは、今日のソフトウェ
アプロジェクトに遍在し、アーキテクチャ上の結合以上に問題となることの多い結合
を形作る。データは進化可能なアーキテクチャを作る際に考慮すべき重要な次元だ。
進化的データベース設計の側面全てをカバーすることは、本書の範囲を超えている。
幸いなことに、我々の同僚である Pramod Sadalage は、Scott Ambler とともに「**進
化的データベース設計**」という副題がついた書籍『**データベース・リファクタリング**』
（ピアソン・エデュケーション）[9]を執筆した。本書では進化的アーキテクチャに影
響するデータベース設計について一部だけをカバーする。残りはぜひ『データベー
ス・リファクタリング』を読んでいただきたい。

　本書で DBA について触れるときに想定しているのは次のような人物だ。それは、
データ構造を設計し、アプリケーション内でデータにアクセスしたり使用したりする
コードを書き、データベースで実行されるコードを書き、データベースのメンテナン
スやパフォーマンス調整を行い、そして障害発生時の適切なバックアップ手順や復旧
手順も保証する人物だ。DBA と開発者は、アプリケーションを構築する中心的存在
であることが多く、密接に連携する必要がある。

5.1　進化的なデータベース設計

　データベースにおける進化的な設計は、時間とともに要件が変化する中で、開発者
がデータベースの構造を構築でき、進化させられるときに現れる。データベースス
キーマとは、クラス階層と同様、物事を抽象化したものだ。根底にある現実世界が変
化したなら、それらの変化は、開発者と DBA が構築している抽象にも反映されなけ
ればならない。そうでないと、その抽象は徐々に現実世界と同期されなくなる。

5.1.1　スキーマを進化させる

　アーキテクトは、どのようにして、リレーショナルデータベースのような従来の
ツールを使用しつつも進化を支えるシステムを構築できるだろうか。データベース設
計を進化させる鍵は、コードとともにスキーマを進化させることにある。継続的デリ
バリーは、サイロ化された従来のデータを現代のソフトウェアプロジェクトが持つ継
続的なフィードバックループへどう適合させるか、という問題に取り組んでいる。開
発者はソースコードを処理するのと同じやり方でデータベース構造も処理しなくては
ならない。すなわち、テストして、バージョン管理して、漸進的に進むのだ。

テストする

　DBAと開発者は、安定性を確保するためにデータベーススキーマの変更を厳密
にテストする必要がある。開発者がオブジェクトリレーショナルマッパー（ORM）
のようなデータマッピングツールを使う場合、そのマッピングがスキーマと同期
していることを保証するため、適応度関数の追加を検討する必要がある。

バージョン管理する

　開発者とDBAは、データベーススキーマを利用コードとともにバージョン管理
する必要がある。ソースコードとデータベーススキーマは共生している。どちら
かなしには機能しない。必然的に結合されたこれら2つを人為的に引き離すこと
は、不必要な非効率を引き起こす。

漸進的に進む

　データベーススキーマの変更は、ソースコードの変更が積み上がるのと同様に増
えるはずだ。したがって、それはシステムが進化するにつれ、漸進的に増えてい
くことになる。そのため、現代の開発プラクティスでは、データベーススキーマ
の手動更新を避け、代わりに自動のマイグレーションツールが使用される。

　スキーマを進化させるには、マイグレーションツールが役に立つ。マイグレーショ
ンツールを使うことで、開発者（もしくはDBA）は、データベースに対する小さく
漸進的な変更を作り、それらをデプロイメントパイプラインの一部として自動的に適
用していける。マイグレーションツールの性能は多岐にわたっており、単純なコマン
ドラインツールから、ちょっとしたIDEと言えるほど高度なものまで幅広く存在し
ている。スキーマを変更する必要があるときには、開発者は**例5-1**に示すような、小

5.1 進化的なデータベース設計 | **105**

さな差分スクリプトを書く。

例5-1 単純なデータベースマイグレーション
```
CREATE TABLE customer (
      id BIGINT GENERATED BY DEFAULT AS IDENTITY (START WITH 1) PRIMARY KEY,
      firstname VARCHAR(60),
      lastname VARCHAR(60)
);
```

　マイグレーションツールは、**例5-1**に示すようなSQLスニペットを、開発用の
データベースインスタンスに自動的に適用する。もし、開発者が誕生日を追加するの
を忘れていたことに後から気が付いたとする。そのときには、彼らは元のマイグレー
ションを編集するのではなくて、**例5-2**に示すように、現在のデータベーススキーマ
をさらに変更する新しいマイグレーションを作成する。

例5-2 マイグレーションを使って既存のテーブルに誕生日を追加する
```
ALTER TABLE customer ADD COLUMN dateofbirth DATETIME;

--//@UNDO

ALTER TABLE customer DROP COLUMN dateofbirth;
```

　例5-2では、開発者は現在のスキーマを変更して新しいカラムを追加している。マ
イグレーションツールの中には、UNDO機能を備えているものもある。UNDOをサ
ポートすることで、開発者はスキーマのバージョンを前後に簡単に移動できる。例
えば、プロジェクトがソースコードリポジトリのバージョン101にあり、バージョ
ン95に戻る必要があるとする。ソースコードであれば、開発者はバージョン管理か
らバージョン95をチェックアウトするだけでよい。しかし、データベーススキーマ
がコードのバージョン95用として適切かどうかはどう保証できるだろうか。もし
UNDO機能を持ったマイグレーションツールを使っているなら、彼らはスキーマを
バージョン95に後戻りする方に「UNDO」することで、各マイグレーションを順番
に適用して目的のバージョンへと戻すことができる。

　しかし、ほとんどのチームは次に示す3つの理由からUNDO機能を構築すること
から手を引いてきた。第一に、全てのマイグレーションが存在するのなら、開発者は

以前のバージョンに戻ることなしに、必要な時点のデータベースを構築できるということがある。先の例で言えば、1から95までのビルドを行うことでバージョン95を復元するということだ。第二に、なぜ前に進むことと後ろに進むことの2つの正しさを維持しないといけないのだろうかということがある。自信を持ってUNDO機能をサポートするには、開発者はそのコードをテストする必要があるが、それは時にはテストの負担を倍増させることになってしまう。第三に、包括的なUNDO機能を構築することで、難しい課題が生じるということがある。例えば、マイグレーションによってテーブルが削除されていたとする。マイグレーションスクリプトはどのようにUNDO操作時に全てのデータを復元するのだろうか。

いったんマイグレーションを実行したら、そのマイグレーションを編集したり削除したりすべきではない。変更は複式簿記を手本にしている。例えば、開発者のDanielleが例5-2のマイグレーションをプロジェクトの24回目のマイグレーションとして実行したとする。その後、彼女はdateofbirthが結局必要ではないということに気が付いた。24回目のマイグレーションを単純に取り除けば、テーブルの最終形からカラムは無くなる。しかし、Danielleがマイグレーションを実行し、dateofbirthカラムが存在すると想定されていた間に書かれたコードは、何らかの理由でプロジェクトが途中の時点に戻る必要がある場合（バグの修正など）には機能しなくなる。代わりに、不要になったカラムを削除するために、カラムを削除する新しいマイグレーションを実行する。

それぞれのマイグレーションを全体の一部とみなすことによって、データベース管理者と開発者は共にデータベースマイグレーションによりスキーマとコードの漸進的な変更を管理できるようになる。そして、データベースの変更をデプロイメントパイプラインのフィードバックループに組み込むことで、開発者はより多くの自動化と早期の検証をプロジェクトの構築サイクルに含めることができる。

5.1.2　共有データベース統合

よくある統合パターンである共有データベース統合[1] について取り上げよう。共有データベース統合は、図5-1に示すように、リレーショナルデータベースをデータ共有の仕組みとして使うパターンだ。

---

[1]　http://www.enterpriseintegrationpatterns.com/patterns/messaging/SharedDataBaseIntegration.html

5.1 進化的なデータベース設計

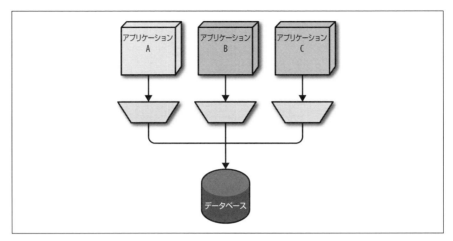

図5-1　データベースを統合点として使用する

図5-1では、3つのアプリケーションが同じリレーショナルデータベースを共有している。多くのプロジェクトでは、高い頻度でこの統合スタイルがデフォルトになる。全てのプロジェクトがガバナンスのために同じリレーショナルデータベースを使用するのであれば、プロジェクトをまたいでデータを共有しない理由があるだろうか。しかし、データベースを統合点として使用すると、アーキテクトは全ての共有プロジェクトを横断するデータベーススキーマが化石化してしまうことをすぐに発見する。

結合しているアプリケーションの1つが、スキーマの変更によって進化しなくてはならない場合はどうだろうか。アプリケーションAがスキーマに変更を加えると、これによって残り2つのアプリケーションが破損する可能性がある。『データベース・リファクタリング』[9]で説明したように、幸いにも expand/contract パターンと呼ばれる一般的に利用されているリファクタリングパターンを使用して、この種の結合をほどくことができる。多くのデータベースリファクタリング手法は、図5-2に示すように、リファクタリングに移行フェーズを設けることで、タイミング問題を回避する。

このパターンでは、開発者は移行開始時と終了時の2つの状態を持ち、移行中はその**古い状態**と**新しい状態**の両方を維持する。移行状態は後方互換性の維持を可能にし、企業内の他のシステムが変更に追いつくのに十分な時間も与える。組織によっては、移行状態が数日から数か月にわたって続く可能性もあるからだ。

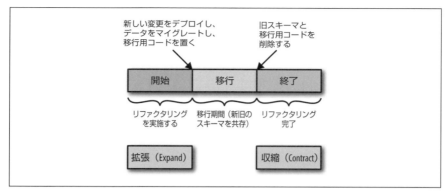

図5-2　データベースリファクタリングにおける expand/contract パターン

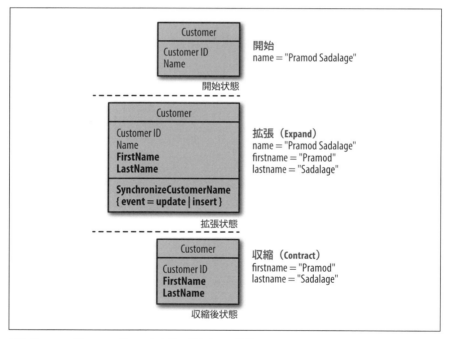

図5-3　expand/contract リファクタリングの3つの状態

5.1　進化的なデータベース設計 | **109**

　ここでは実際の expand/contract の例を示す。よくある進化的な変更を考えてみ
よう。PenultimateWidgets はマーケティング目的で、name カラムを firstname と
lastname に分けることになった。この変更では、開発者は**図5-3**に示すように開始状
態、展開状態、最終状態の3つの状態を持つ。

　図5-3で、氏名はまず単一のカラムとして登場している。移行中、Penultimate
Widgets の DBA はデータベース内の統合点を可能な限り壊さないように、両方の
バージョンを維持する必要がある。name カラムを firstname カラムと lastname カラム
に分割する方法にはいくつかの選択肢がある。

オプション1: 統合点も従来のデータもない

　このシナリオでは、開発者は他のシステムについて考慮する必要はなく、管理して
いる既存のデータもない。したがって、**例5-3**に示すように、新しい列を追加して古
い列を削除できる。

例5-3　統合点がなく従来のデータもない単純なケース

```
ALTER TABLE customer ADD firstname VARCHAR2(60);
ALTER TABLE customer ADD lastname VARCHAR2(60);
ALTER TABLE customer DROP COLUMN name;
```

　オプション1では、リファクタリングは簡単だ。DBA は関連する変更を行って、
平穏な日々を過ごす。

オプション2: レガシーデータはあるが、統合点はない

　このシナリオでは、開発者は既存のデータを新しいカラムに移行する必要があるも
のの、外部システムの心配をする必要はない。彼らは既存のカラムから適切な情報を
抽出してデータの移行を行う関数を作成する必要がある。

例5-4　レガシーデータはあるが統合点はない

```
ALTER TABLE Customer ADD firstname VARCHAR2(60);
ALTER TABLE Customer ADD lastname VARCHAR2(60);
UPDATE Customer set firstname = extractfirstname (name);
UPDATE Customer set lastname = extractlastname (name);
ALTER TABLE customer DROP COLUMN name;
```

このシナリオでは、DBAは既存のデータを抽出して移行する必要があるものの、それ以外は単純だ。

オプション3: 既存のデータがあり統合点もある

これは最も複雑なシナリオであり、残念ながら最もよくあるシナリオだ。企業は既存のデータを新しいカラムに移行する必要がある一方、外部システムがnameカラムに依存していて、そちらの開発者は望んだ期間では新しいカラムを使うようシステムを移行できない。例5-5が必要となるSQLだ。

例5-5　レガシーデータがあり、統合点もある複雑なケース

```
ALTER TABLE Customer ADD firstname VARCHAR2(60);
ALTER TABLE Customer ADD lastname VARCHAR2(60);

UPDATE Customer set firstname = extractfirstname (name);
UPDATE Customer set lastname = extractlastname (name);

CREATE OR REPLACE TRIGGER SynchronizeName
BEFORE INSERT OR UPDATE
ON Customer
REFERENCING OLD AS OLD NEW AS NEW
FOR EACH ROW
BEGIN
  IF :NEW.Name IS NULL THEN
    :NEW.Name := :NEW.firstname||' '||:NEW.lastname;
  END IF;
  IF :NEW.name IS NOT NULL THEN
    :NEW.firstname := extractfirstname(:NEW.name);
    :NEW.lastname := extractlastname(:NEW.name);
  END IF;
END;
```

例5-5の移行フェーズを構築するため、DBAはデータベースにトリガーを追加し、他のシステムがデータをデータベースに挿入する際に、古いnameカラムから新しいfirstnameとlastnameカラムにデータを移すようにし、新しいシステムが同じデータにアクセスできるようにする。同様に、開発者あるいはDBAは、新しいシステムがデータを挿入する際にも、firstnameとlastnameを連結し、nameカラムに保存するよ

うにし、他のシステムが適切にフォーマットされたデータにアクセスできるようにする。

　他のシステムが新しい構造（姓と名とで別々になった名前）を使うようにアクセス方法を変更すると、縮小フェーズが実行されて、古いカラムが削除される。

```
ALTER TABLE Customer DROP COLUMN name;
```

　大量のデータが存在してカラムの削除に時間がかかる場合には、DBAはカラムを「not used」に設定することもある（データベースがこの機能をサポートしているときのみ）。

```
ALTER TABLE Customer SET UNUSED name;
```

　レガシーなカラムを削除した後、以前のスキーマの読み取り専用バージョンが必要な場合には、DBAはデータベースへの読み取り参照が維持されるように、生成カラムを追加できる。

```
ALTER TABLE CUSTOMER ADD (name AS
            (generatename (firstname,lastname)));
```

　各シナリオに示したように、DBAと開発者は進化し続けるシステムを構築するためにデータベースのネイティブ機能を利用できる。

　expand/contractは、並列変更[2]と呼ばれるパターンのサブセットだ。これは、インターフェイスに後方互換性のない変更を安全に実装するために使用される汎用的なパターンだ。

5.2　不適切なデータ結合

　データとデータベースは、現代のソフトウェアアーキテクチャにおいて不可欠な部分を形作る。アーキテクチャを進化させようとするとき、この主要な側面を無視する開発者は苦しむことになる。

---

[2]　https://martinfowler.com/bliki/ParallelChange.html

データベースと DBA は多くの組織にとって特定の難題を形成する。どのような理由であれ、彼らのツールや開発プラクティスは伝統的な開発の世界と比較して古びているからだ。例えば、DBA が日々使用するツールは、開発者の IDE に比べると非常に旧式だ。開発者にとっては一般的な機能であるリファクタリングサポートやコンテナ外部でのテスト、ユニットテスト、モックやスタブなどは、DBA のツールには存在しない。

DBA、ベンダー、ツールチェイン

なぜデータの世界のプラクティスはソフトウェア開発の世界と比べて後れをとっているのだろうか。DBA には、テストやリファクタリングといった、開発者と同様のニーズが数多くある。しかし、開発者のツールが進歩し続けている一方で、同レベルのイノベーションはデータの世界に浸透していない。これは、ツールが利用できないからではない。より良いエンジニアリングサポートを追加した、いくつかのサードパーティのツールも存在している。しかしそれらは十分に売れていない。なぜだろうか。

データベースベンダーは、彼ら自身と顧客との間に興味深い関係を作り出してきた。例えば、データベースベンダー X 向けの DBA は、ベンダーにまったく理不尽なレベルの献身を求められる。DBA の次の仕事は、必ずしも彼らの現在の仕事からではなく、少なくともある程度はデータベースベンダー X の認定 DBA であることからやってくるからだ。このようにして、データベースベンダーは世界中の企業に彼らの軍隊を潜り込ませている。そこにあるのは企業への忠誠心ではなく、ベンダーへの忠誠心だ。この状況にある DBA はベンダー発ではないツールや開発成果物を無視する。その結果、開発プラクティスのイノベーションレベルが低下するのだ。

DBA はデータベースベンダーを宇宙の全ての熱と光の源泉とみなし、宇宙の他の暗黒物質から来るものは気にも留めない。この現象の不幸な副作用によって、開発ツールと比較してツールの進歩が停滞することになる。その結果、開発者と DBA のインピーダンスミスマッチは、一般的なエンジニアリング技術を共通していないために、さらに大きくなる。継続的デリバリーのプラクティスに適応することを DBA に納得させるには、彼らに新しいツールの利用を強

制したり、慣れ親しんだベンダーのツール群から遠ざけなければならず、彼ら
は可能な限り抵抗するだろう。

　幸いにも、オープンソースや NoSQL データベースの流行は、そうしたデー
タベースベンダーの覇権を壊し始めている。

5.2.1　2相コミットトランザクション

　アーキテクトが結合について議論するとき、その会話は通常、クラスやライブラリ
をはじめとする技術アーキテクチャの各種側面を中心に行われる。しかし、ほとんど
のプロジェクトには、結合へとつながる道がまだある。その1つがトランザクショ
ンだ。

　トランザクションは結合の特別な形態だ。トランザクション動作は、伝統的な技術
アーキテクチャ中心のツールには現れないからだ。アーキテクトは様々なツールを使
うことで、クラス間の依存関係に基づく結合を簡単に確認できる。けれど、彼らがト
ランザクションにおけるコンテキストの範囲を確認するのには、ずっと時間がかか
る。スキーマ間の結合が進化を痛めるように、トランザクションの結合は、構成部分
を具体的なやり方で結合し、進化をより困難にする。

　トランザクションは、様々な理由でビジネスシステムに登場する。第一に、ビジネ
スアナリストは、技術的な課題に関わらず、トランザクションの考え方、状況によっ
て簡単に**世界を止める**操作という考え方を気に入っている。複雑系におけるグローバ
ルな調整は難しく、トランザクションはその一形態だ。第二に、トランザクション境
界は、ビジネスコンセプトが実際にどのように組み合わされて実装されているかを示
すことがよくある。第三に、DBA はトランザクションコンテキストを所有している
可能性があり、それは技術アーキテクチャで見られる結合に似てデータを分割するた
めの調整を難しくする。

　開発者は、重厚なトランザクションシステムを、不適合なアーキテクチャパター
ン、例えばマイクロサービスのような疎結合を強いるものに移行しようとすると、結
合点としてのトランザクションに悩まされる。はるかに厳密なサービス境界とデータ
分割要件を備えたサービスベースアーキテクチャは、トランザクションシステムとよ
り良く適合する。これらのアーキテクチャスタイルの相違点については「4.3.4　サー
ビス指向アーキテクチャ」で説明した。

1章と4章で、アーキテクチャ量子の境界概念という考え方について触れた。それはアーキテクチャ上で最も小さなデプロイ可能単位であり、データベースのような依存コンポーネントを取り囲む凝集についての従来的な考え方とは異なっている。データベースによって作られる結合にはビジネスプロセスがどう動くかが定義されていることがあり、技術アーキテクチャによる伝統的な結合よりもずっと負荷がかかる。アーキテクトは時にビジネスにとって自然なレベルよりも細かい粒度でアーキテクチャを構築しようとして間違う。例えば、マイクロサービスアーキテクチャは重厚なトランザクションシステムにはあまり適していない。サービス粒子の目標がとても小さいからだ。サービスベースアーキテクチャは量子サイズの要件が厳密でないため、うまく機能する傾向がある。

アーキテクトは、クラス、パッケージ、名前空間、ライブラリ、フレームワーク、データスキーマ、トランザクションコンテキストなど、アプリケーションの全ての結合特性を考慮する必要がある。これらの次元（またはそれらの相互作用）を無視することは、アーキテクチャを進化させようとする際に問題を作り出す。物理学では、原子を結び付ける**強力な核力**は、まだ確認されていない強力な力の1つだ。トランザクションコンテキストは、アーキテクチャ量子において強力な核力のように振る舞う。

データベーストランザクションは強力な核力として振る舞い、量子を結び付ける。

システムはしばしばトランザクションを回避できない一方で、アーキテクトは可能な限り多くのトランザクションコンテキストを制限するようにしなければならない。なぜなら、それらは結びつきが強く、コンポーネントやサービスを他方に影響することなく変更する能力を阻害するからだ。より重要なことに、アーキテクトはアーキテクチャの変更について考える際は、トランザクション境界のような側面を考慮する必要がある。

8章で説明するように、モノリシックアーキテクチャをより粒度の細かいアーキテクチャに移行する際は、まず少数の大きなサービスにするところから始める。白紙の状態からマイクロサービスアーキテクチャを構築する際には、開発者はサービスとデータのコンテキストの大きさを制限することについて必死にならなければならない。しかし、**マイクロサービス**という名前にひっかからないようにしてほしい。各サー

ビスは決して小さい必要はない。むしろ有効な境界づけられたコンテキストを捉えることが必要なのだ。

既存のデータベーススキーマを再構築する際には、適切な粒度を実現することが難しいことがよくある。企業における多くのDBAは、数十年にわたってデータベーススキーマをつなぎ合わせて使用してきて、その逆の操作を行うことには関心がない。多くの場合、ビジネスをサポートするために必要なトランザクションコンテキストは、開発者がサービスにできる最も小さな粒度を定義する。アーキテクトはより細かいレベルの細分化を目指すかもしれないが、それがデータ観点での粒度と整合していなければ、その努力が不適切な結合へとつながってしまう。開発者が解こうとしている問題と構造的に衝突するアーキテクチャを構築することは、「6.4　アーキテクチャの移行」で記述している、メタ作業の有害なバージョンを表している。

5.2.2　データの年齢と質

大企業で見られる別の機能不全に、データとデータベースの神格化がある。我々は複数のCTOが「アプリケーションはどうせ短命だからそこまで気にしない。しかし、うちのデータスキーマは貴重だ。何しろ永遠に生き続けるものなのだから！」と言うのを聞いてきた。スキーマがコードほどには頻繁に変更されないのは真実だが、データベーススキーマもやはり現実世界を抽象化して表現したものだ。不都合なことではあるが、現実世界は経時変化するものだ。スキーマが変わらないと信じているDBAは、そうした現実を無視している。

しかし、もしDBAがデータベースをリファクタリングしてスキーマを変更しないとすると、新しい抽象化に対応する際はどのような変更を行うのだろうか。残念ながら、DBAがスキーマ定義を拡張するためによくやるのは、**別の交差テーブルを追加する**という方法だ。スキーマを変更して既存のシステムを壊すリスクを取るよりも、代わりに彼らは新しいテーブルを単に追加して、それをリレーショナルデータベースのプリミティブを使用して元のテーブルに結合させる。これは短期的には機能するものの、現実世界に基づく抽象化を分かりにくくする。現実世界では1つのエンティティであるものが、複数のものとして表現されるからだ。スキーマを見直して再構築していくことを滅多にしないDBAは、時の経過とともに、込み入ったグループ化や集積によって、ますます化石の世界を作り上げていく。データベースの構造を見直さないDBAは、企業の貴重な資源を保護していない。単にスキーマの全ての段階の痕跡を

残し、それらを交差テーブルを介して相互に重ね合わせていっているだけでしかないからだ。

レガシーデータの品質は別の大きな問題も表している。しばしば、データは多くの世代のソフトウェアを生き残るが、そこで残ったデータのねじれは、一貫性のなさを引き起こしたり、最悪の場合はデータ自身をゴミにしてしまう。多くの点で、データのあらゆる断片を保持しようとすることは、アーキテクチャを過去と結び付け、それによって物事をうまく行う際に複雑な回避策を強いることになる。

進化的アーキテクチャを構築しようとする前に、スキーマと品質の両方の観点で開発者がデータをうまく進化できるようにしてほしい。不十分な構造はリファクタリングを必要とし、DBAはデータの品質を基礎とするために必要な行動を何でもやっていくべきだ。我々は、これらの問題を永久に処理する複雑で継続的な仕組みを構築するのではなく、これらの問題を早期に解決することを勧める。

レガシーなスキーマとデータには価値があるが、進化する能力への重しにもなる。アーキテクト、DBA、ビジネス担当者は、何が組織における価値を表しているかについて率直な会話をする必要がある。組織における価値を表しているのは、レガシーデータを永久に保持し続けることだろうか。それとも、進化的な変更を作る能力だろうか。本当の価値があるデータを見定めて、それを保持しよう。そして、古いデータは参照用には利用可能にしつつも、進化的な開発の主流からは外すようにしよう。

スキーマのリファクタリングや古いデータの削除を拒むことは、アーキテクチャを過去と結びつけ、それはリファクタリングを難しくする。

5.3 ケーススタディ：PenultimateWidgets のルーティングを進化させる

PenultimateWidgets はページ間の新しいルーティングスキーマを実装し、ユーザーにナビゲーションのパンくずリストを提供しようと決めた。これを行うことは、(社内フレームワークを使って)これまで行ってきたページ間のルーティング方法を変更することを意味する。新しいルーティングメカニズムを実装するページでは、より多くのコンテキスト(元のページやワークフロー状態など)が必要となり、より多くのデータが必要になる。

ルーティングサービスの量子内で、PenultimateWidgets は現在ルートを処理する単一のテーブルを持っている。新しいバージョンでは、開発者はより多くの情報を必要とするため、テーブル構造はより複雑になる。図5-4 の開始点を考えてみよう。

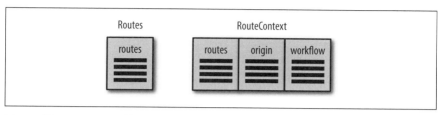

図5-4　新しいルーティング実装の出発点

異なるビジネスユニットが異なるスピードで動くため、PenultimateWidgets の全てのページが同時に新しいルーティングを実装するわけではない。したがって、ルーティングサービスは古いバージョンと新しいバージョンの両方をサポートする必要がある。6 章でルーティングを介してどのように処理されるかを見ていく。この場合、データレベルで同じシナリオを処理する必要がある。

expand/contract パターンを使って、開発者は新しいルーティング構造を作成し、サービス呼び出しを介して利用可能になる。内部的に、両方のルーティングテーブルには route カラムに関連付けられたトリガーを持ち、図5-5 に示すように一方の変更が他方のルーティングに自動的に複製される。

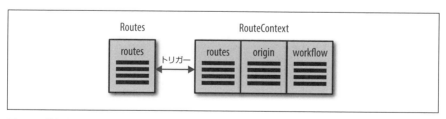

図5-5　移行状態。サービスは両方のバージョンのルーティングをサポートする

図5-5 のように、サービスは開発者が古いルーティングサービスを必要とする限り、両方の API をサポートできる。本質的に、アプリケーションは現在 2 つのバージョンのルーティング情報をサポートしている。

古いバージョンが不要になった場合、図5-6 に示すように、ルーティングサービスの開発者は古いテーブルとトリガーを削除できる。

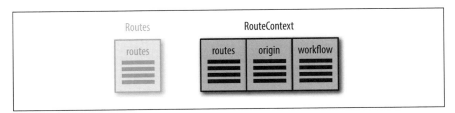

図5-6　ルーティングテーブルの終了状態

　図5-6では、全てのサービスは新しいルーティング機能へと移行したので、古いサービスを削除できる。これは図5-2に示すワークフローと一致している。

　開発者が継続的インテグレーションやソース管理などの適切な開発プラクティスを適用している限り、データベースはアーキテクチャとともに正しく進化できる。データベースは現実世界を基にした抽象表現であり、予期せず変化する可能性があるため、データベーススキーマを容易に変更できる能力は重要だ。データ抽象は動作に比べると変化にうまく耐えるものの、それでもやはり進化しなければならない。アーキテクトは、進化的アーキテクチャを構築する際、データを第一の関心事として扱う必要がある。

　データベースのリファクタリングは、DBAや開発者が磨くべき、重要なスキルであり技芸だ。データは多くのアプリケーションの基礎となる。進化するシステムを構築するには、開発者とDBAは現代の開発プラクティスと並行してデータに関する効果的なプラクティスの実践を促進する必要がある。

6章
進化可能なアーキテクチャの構築

　ここまで、我々は進化的アーキテクチャの3つの基本的な要素「適応度関数」「漸進的な変更」「適切な結合」にそれぞれ個別に取り組んできた。そろそろ、それらを結び付けて語ってもよい頃合いだ。

　これまで紹介してきた考え方の多くは新しいものではない。むしろ新しいレンズを通して見たものだ。例えば、テストするという考え方は長い間存在してきたものだが、適応度関数としてアーキテクチャの検証に重きを置くということはこれまでなかったものだ。デプロイメントパイプラインの考え方は**継続的デリバリー**によって定義されたものであるが、進化的アーキテクチャはその能力の真の有用性を示すものだ。

　多くの組織は、ソフトウェア開発のエンジニアリング効率を向上させる方法として、継続的デリバリーの実践を追及している。しかし、我々は次のステップへと踏み出し、その能力を使ってより洗練されたものを作り出す。それは現実世界とともに進化していくアーキテクチャだ。

　では、既存のプロジェクトと新規のプロジェクトの両方で、開発者はどのようにこれらの手法を活用できるだろうか。

6.1　仕組み

　アーキテクトは、以下に示す3つの手順に沿うことで、これらの手法を進化的アーキテクチャの構築に役立てられるようになる。

6.1.1　① 進化の影響を受ける次元を特定する

　まず、どの次元をアーキテクチャの進化とともに保護したいのかを特定する必要が

ある。これには、技術アーキテクチャと、データ設計やセキュリティ、スケーラビリティといったアーキテクトが一般に重要だと考える各種の「〜性」が常に含まれる。特定に際しては、ビジネス、運用、セキュリティなどの影響を受けるグループを含む、組織内でそれに関心を示すチームが関与している必要がある。そのためには、機能横断型チームを後押しする逆コンウェイ戦略（「1.5　コンウェイの法則」参照）が役立つ。基本的に、これはプロジェクトの開始時、支援したいアーキテクチャ特性を特定する際にアーキテクトが行う一般的な行動だ。

6.1.2　② それぞれの次元に対して適応度関数を定義する

　1つの次元が複数の適応度関数を含むのはよくあることだ。例えば、コンポーネントの循環依存を防止するというような、コードベースのアーキテクチャ特性を保証する際は、コードメトリクス群をデプロイメントパイプラインへと組み込むのが一般的だ。アーキテクトは、どの次元を継続的に注視するかを決定し、それをWikiなどの軽量フォーマットで文書化する。そして、それぞれの次元に対して、進化にあたって望ましくない動作を示す可能性のある対象を決定し、最終的に適応度関数を定義する。適応度関数は自動化されていても手動でもよい。しかし、定義に際しては、工夫を要する可能性がある。

6.1.3　③ デプロイメントパイプラインを使って適応度関数を自動化する

　そして最後に、デプロイメントパイプラインに適応度関数を適用するステージ群を定義し、マシンプロビジョニングといったデプロイメントの実践やテストなどのDevOpsの関心事を管理しながら、プロジェクトの漸進的な変更を促進する必要がある。漸進的な変更は進化的アーキテクチャのエンジンとして、デプロイメントパイプラインを介した適応度関数の積極的な検証と、デプロイメントなどの日常的な作業を見えなくする高度な自動化を可能にする。プロジェクトで進化的アーキテクチャを支える開発者の責務の一つは、サイクルタイムを良い状態に維持することがある。サイクルタイムとは、継続的デリバリーのエンジニアリング効率を測定する値のことだ。他の多くのメトリクスがそこから派生するため、サイクルタイムは漸進的な変更において重要な意味を持つ。例えば、新しい世代がアーキテクチャに現れる速度は、サイクルタイムに比例する。つまり、もしプロジェクトのサイクルタイムが長くなれば、

プロジェクトが新しい世代を送り出せる速度は遅くなり、それは進化に影響することになる。

次元と適応度関数を特定する作業は、新しいプロジェクトの開始時に行うものである一方、全てのプロジェクトにおける継続的な活動でもある。開発者はあらかじめ全てを予期することはできないため、ソフトウェアの「**未知の未知**」問題に悩まされる。もしソフトウェアを構築する中でアーキテクチャの一部が厄介な兆候を見せたとしても、適応度関数を構築することで、アーキテクトはこの不全が育つのを阻止できる。いくつかの適応度関数はプロジェクトの開始時に自然に現れるものの、多くの適応度関数はアーキテクチャ上にストレス点が現れるまで明らかにならない可能性がある。アーキテクトは非機能要件が壊れる状況を警戒し、将来の問題を防ぐために適応度関数とともにアーキテクチャを改良していかなければならない。

6.2　グリーンフィールドプロジェクト[†1]

新規プロジェクトへの進化可能性の構築は、既存のプロジェクトを改修するよりもずっと容易だ。第一に、新規プロジェクトであれば、開発者はプロジェクトの始まりにデプロイメントパイプラインを構築し、直ちに漸進的な変更を活用する機会が得られる。コードが存在する前であれば、適応度関数を特定し計画することは容易だ。そして、最初から足場が存在することになるため、複雑な適応度関数に対応するのも容易となる。第二に、新規プロジェクトでは、既存プロジェクトであれば紛れ込んでしまう望ましくない結合点をほぐす必要がない。そして、プロジェクトの変更時にアーキテクチャの完全性を保証するため、メトリクスをはじめとする各種検証を配置することもできる。

開発者が進化的アーキテクチャを促進するための正しいアーキテクチャパターンと開発プラクティスを選択しているのならば、新規プロジェクトを進める際に予期しない変更を扱うのは容易だ。例えば、マイクロサービスアーキテクチャはとても低い結合と高度な漸進的な変更を提供するため、そうしたスタイルの明白な候補となる（マイクロサービスアーキテクチャが人気な理由はこれだけではない）。

---

†1　訳注：建設業からのアナロジー。グリーンフィールドとは汚染されていない未開発な土地を指す。再開発または再利用しようとしている、既存汚染物質を伴う用地のことはブラウンフィールドと呼ばれる。

6.3 既存のアーキテクチャを改良する

既存のアーキテクチャに進化可能性を加えられるかは、次に示す3つの要因に左右される。それは、コンポーネント結合、開発プラクティスの成熟度、適応度関数の作りやすさだ。

6.3.1 適切な結合と凝集

コンポーネント結合は、技術アーキテクチャの進化可能性に大きく左右する。しかし、データスキーマが堅く化石化してしまっているとすると、可能な限り進化しうる技術アーキテクチャという望みはくじかれることになる。きれいに疎結合化されたシステムは進化を容易にするが、反対に生い茂った結合の巣窟はそれを痛めつける。真に進化可能なシステムを構築するには、アーキテクトは影響を受けるアーキテクチャ上の全ての次元を考慮する必要がある。

アーキテクトは、結合の技術的な側面を超えて、システムのコンポーネントの機能的凝集についても考慮し、守る必要がある。あるアーキテクチャから別のアーキテクチャへと移行する際、再構築されたコンポーネントの最終的な粒度は、機能的凝集によって決定されることになる。これはアーキテクトがコンポーネントを不合理なレベルには分解できないという意味ではなく、むしろコンポーネントは問題のコンテキストに基づいた適切な大きさを持つということを意味している。例えば、重厚なトランザクションシステムなどでは、ビジネス上のいくつかの問題は他よりもより結びついている。この問題に抵抗して究極に疎結合化されたシステムを構築しようとすることは、非生産的だ。

アーキテクチャを選択する前にビジネス上の問題を理解しよう。

このアドバイスは明らかだ。にもかかわらず、問題に最も適切なものではなくて、自分たちが最も輝いて見えるような新しいアーキテクチャパターンをチームが選んできているのを、我々は頻繁に目にしてきた。アーキテクチャを選ぶということは、問題と物理的なアーキテクチャが集まっているところを理解することにある。

6.3.2　開発プラクティス

　開発プラクティスは、アーキテクチャの進化可能性を定義する際に重要だ。継続的デリバリーのプラクティスは必ずしも進化的アーキテクチャを保証するものではない。しかし、それがなければ進化的アーキテクチャを実現することはほとんど不可能だ。

　多くのチームが、効率を上げるために開発プラクティスの改善へと着手している。そうした開発プラクティスは、一度固まってしまえば、進化的アーキテクチャなどの先端的な能力のための構成要素となる。したがって、進化的アーキテクチャを構築する能力は、効率を改善する動機となる。

　多くの企業は古い開発プラクティスと新しい開発プラクティスの間の移行ゾーンにある。彼らは継続的インテグレーションのような低くぶら下がっている果実については解決したかもしれない。しかし、依然として大部分は手動テストに頼っている。サイクルタイムは遅くなるかもしれないが、手動ステージをデプロイメントパイプラインに含めることは重要だ。まずは、それをアプリケーションのビルドにおけるステージの一環、すなわちパイプラインのステージの1つとして扱う。第二に、チームが徐々にデプロイメントのより多くの部分を自動化していくにつれて、手動のステージは切断することなく自動化されたものへとなっていく。第三に、各ステージをカプセル化することはビルドの機械的部品についての意識をもたらすことになり、より良いフィードバックループを作り、改善を促すことになる。

　進化的アーキテクチャを構築することにおける最大にして唯一の障害は、扱いにくい運用だ。もし開発者が変更を容易にデプロイできなければ、フィードバックサイクルの全ての部分が妨害されることになる。

6.3.3　適応度関数

　適応度関数は、進化的アーキテクチャの保護基質を形作る。アーキテクトがシステムをある特性を中心に設計する際、それらの機能はテスト可能性と直交する可能性がある。幸いなことに、現代の開発プラクティスはテスト可能性の周辺を大幅に改善し、難しいアーキテクチャ特性を自動的に検証できるようにしてきた。この領域は、進化的アーキテクチャにおいて最も多く労力を要する領域ではあるが、適応度関数を使うことで、まったく異なる関心事を同等に扱うことができる。

　アーキテクトであるなら、あらゆる種類のアーキテクチャ検証メカニズムを適応度

関数として考え始めるべきだ。これには、以前は場当たり的に考えていたことも含まれる。例えば、多くのアーキテクチャにはスケーラビリティに関するサービスレベル合意（SLA）があるだろうし、それに対応するテストもあるはずだ。同様に、セキュリティ要件に関する規則もあるだろうし、それに付随する検証の仕組みもあるはずだ。アーキテクトはこれらを別々のカテゴリとして捉えてしまうことが多い。しかし、アーキテクチャにおける何らかの特徴を検証するという点では、どちらも意図するところは同じだ。アーキテクチャにおける全ての検証を適応度関数として捉えることで、自動化をはじめとする有益な相互作用を用意する際に、より一貫した取り扱いが可能になるのだ。

リファクタリングと再構築

　開発者は、クールに聞こえる用語を選出して彼らの共通語彙とすることがよくある。**リファクタリング**などがそれだ。Martin Fowler によって定義されているように、リファクタリングは既存のコードを外部からの振る舞いを変えることなしに再構築するプロセスだ。多くの開発者にとって、**リファクタリング**は**変更**と同義になっている。しかし、そこには重要な違いがある。

　チームがアーキテクチャをリファクタリングすることは非常にまれだ。むしろ、彼らはそれを**再構築**し、構造と振る舞いの両方に実質的な変化をもたらす。アーキテクチャパターンは、1つにはアプリケーションの主要なアーキテクチャ特性を確かめるために存在する。パターンを切り替えることは、必然的に優先度を切り替えることを伴う。よってこれはリファクタリングではない。例えば、アーキテクトはスケーラビリティのために EDA を選択していたとする。もしチームが異なるアーキテクチャパターンに切り替えたなら、同じレベルのスケーラビリティはサポートされなくなる可能性があるだろう。

6.3.4　COTS との関わり合い

　多くの組織では、開発者はエコシステムの構成要素全てを所有しているわけではない。大企業では、商用オフザシェルフ（*Commercial off-the-shelf*：COTS）やパッケージソフトウェアが普及している。そのことは、進化可能なシステムを構築する

6.3 既存のアーキテクチャを改良する | 125

アーキテクトにとって困難を生じさせている。

COTSシステムは企業内の他のアプリケーションと並行して進化しなければならない。しかし、残念ながら、これらのシステムは進化をうまく支援しない。

漸進的な変更

ほとんどの商用ソフトウェアは、自動化とテストの業界標準にまったく及んでいない。アーキテクトと開発者は、統合点の柵を取り囲み、テストできる何らかのものを作り、システム全体をたびたびブラックボックスとして扱わなければならない。デプロイメントパイプラインやDevOpsをはじめとする現代の開発プラクティスにおいて、商用ソフトウェアのアジャイルさを強化することは、開発チームに困難をもたらす。

適切な結合

パッケージソフトウェアは結合の観点で最悪の罪をしばしば犯す。一般に、そのシステムは不透明であり、統合するために開発者が使うAPIが定義されている。必然的に、そのAPIは「7.1.3 アンチパターン：ラスト10%の罠」で説明する問題を抱えている。そのため、開発者が有効な作業を行うのに十分な柔軟性は、まったくではないものの、ほとんどない。

適応度関数

パッケージソフトウェアに適応度関数を追加することは、進化可能性を実現する際の最大のハードルだ。一般に、この種のツールは、ユニットテストやコンポーネントテストを可能にするくらい十分には内部が公開されていない。そのため、統合テストが最後の手段となる。これらのテストは必然的に粒度が粗く、複雑な環境で動作する必要があるため、あまり好ましくない。

 自分たちの成熟度にあわせて統合点を保持するよう尽力しよう。それが可能でなければ、開発者にとってシステムの一部が他の部分よりも進化させやすくなることを認識しよう。

多くのソフトウェアベンダーによってもたらされた別の厄介な結合点は、不透明なデータベースエコシステムだ。最良の場合のシナリオでは、パッケージソフトウェアはデータベースの状態を完全に管理し、選択した適切な値を統合点経由で公開する。最悪のケースでは、ベンダーデータベースはシステムの残りの部分との統合点であ

り、API の両端の変更は大幅に複雑になる。この場合、進化可能性の望みから、アーキテクトと DBA はパッケージソフトウェアから離れてデータベースを何とか制御する必要がある。

必要なパッケージソフトウェアを閉じ込めたら、アーキテクトはできるだけ堅牢な適応度関数の集合を構築し、あらゆる可能な機会に自動実行すべきだ。内部へのアクセスの欠如は、テストを望ましくないテクニックに委ねることになる。

6.4　アーキテクチャの移行

多くの企業が、最終的にアーキテクチャスタイルをあるものから別のものへと移行することになる。例えば、アーキテクトは、会社の IT 史の始まりにはシンプルに理解できるアーキテクチャパターンを選択する。よくあるのはレイヤ化アーキテクチャのモノリスだ。会社が成長するにつれて、アーキテクチャはストレスにさらされる。最も一般的な移行の道のりの 1 つは、モノリスからある種のサービスベースアーキテクチャへ移行するというものだ。これは「マイクロサービス」で説明した、一般的なドメイン中心のアーキテクチャ思考への転換によるものだ。多くのアーキテクトが惹きつけられる移行の対象として、高度に進化的なマイクロサービスアーキテクチャがある。しかし、この移行はとても困難であることが少なくない。その主な理由は既存の結合によるものだ。

アーキテクチャの移行を考える際、アーキテクトは一般的にクラスやコンポーネントの結合特性については考えるものの、データなど、進化に影響を与える他の多くの次元は無視してしまう。トランザクション結合はクラス間の結合と同じくらい重要なものだが、アーキテクチャを再構築する際には知らない間に除外されてしまう。こうした見落としがちな結合点は、既存のモジュールをより小さな部品に分割しようとする際に大きな負担となる。

多くのシニア開発者は、何年にもわたって同じ種類のアプリケーションを構築し、そしてその単調さに飽きてしまう。ほとんどの開発者は、有用なものを作るためにフレームワークを**使う**よりも、むしろフレームワークを**作る**方を好む。**メタ作業はただの作業よりも面白いからだ**。ただの作業は退屈で、世俗的で、繰り返し的だ。それに比べて、新しいものを作るのはエキサイティングなことだ。

上記の影響は二通りの形として現れる。まず、多くのシニア開発者は、既存のソフトウェア（だいたいはオープンソース）を使うよりも、他の開発者が使うインフラス

トラクチャを書き始める。我々はかつて技術の最先端を走っていたクライアントと仕事をしていたことがある。彼らは独自のアプリケーションサーバー、Javaで作られたWebフレームワーク、その他全てのインフラストラクチャを独自に構築した。ある時、彼ら自身のオペレーティングシステムを構築しているかと尋ねてみると、彼らは「いいえ」といったので、我々は尋ねた「どうしてですか！？　あなた方は全てスクラッチから作り上げているというのに！」

同社は、既存のソフトウェアでは利用できない機能が必要だったため、熟考の上でインフラストラクチャを独自に構築した。そして、同様のことがオープンソースのツールで利用できるようになったときには、彼らはすでに手作りの愛情を込めたインフラストラクチャを所有してしまっていた。その時点で、彼らは、より標準的なスタックに切り替えるのではなく、独自のスタックを維持することを選択した。アプローチにわずかながら違いがあったからだ。10年後、彼らの最高の開発者たちはフルタイムのメンテナンスモードで作業し、アプリケーションサーバーを修正し、Webフレームワークに機能を追加し、その他のありふれた作業を行っていた。より良いアプリケーションを構築する上でイノベーションを起こす代わりに、彼らは配管の中であくせくとずっと働いていた。

もう一つは、不適切にもかかわらず、マイクロサービスのような話題のスタイルを選んでしまうという形で現れる。アーキテクトは、この「メタ作業は単なる作業よりも面白い」症候群の影響を避けられない。

楽しいメタ作業であるという理由だけでアーキテクチャを構築してはいけない。

6.4.1 移行手順

多くのアーキテクトは、古びれたモノリシックアプリケーションをより現代的なサービスベースのアプローチへ移行するという困難に直面している。経験豊富なアーキテクトは、アプリケーション内に結合点が存在することを認識している。そして、物事がどう結合されているかを理解することが、コードベースを解きほぐす際に最初にする仕事の1つであることも認識している。モノリスを分解する際、アーキテクトは適切なバランスを見つけるために結合と凝集を考慮する必要がある。例えば、マ

イクロサービスアーキテクチャスタイルの最も厳しい制約の1つは、サービスの境界づけられたコンテキスト内にデータベースが属するという要求だ。モノリスを分離する際、クラスは十分小さな断片に分割することが可能だとしても、トランザクションコンテキストを同様の部品に分割することは、実現不可能なハードルを課す可能性がある。

アーキテクチャを再構築する際には、影響を受ける次元全てを考慮すること。

多くのアーキテクトは、最後にはモノリシックアプリケーションからサービスベースアーキテクチャへと移行する。図6-1に示す開始点のアーキテクチャを考えてみよう。

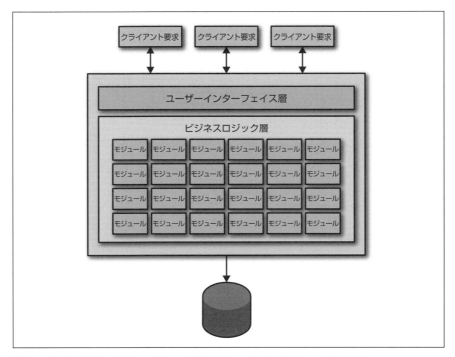

図6-1　移行の開始点であるモノリスアプリケーションは「全共有」アーキテクチャ

極めて粒度の細かいサービス群を構築することは、新規プロジェクトであれば容易だ。しかし、既存のアーキテクチャを粒度の細かなサービス群へと移行するのは難しい。であれば、図6-1のアーキテクチャから図6-2に示すサービスベースのアーキテクチャへの移行はどう行えばいいだろうか。

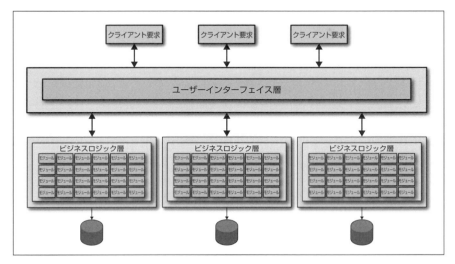

図6-2　移行の最終結果はサービスベース、つまり「可能な限り共有の少ない」アーキテクチャ

図6-1から図6-2への移行を行うと、サービスの細分化、トランザクション境界、データベースの問題、共有ライブラリの処理方法といった課題が発生する。アーキテクトはこの移行をなぜ行いたいのかを理解する必要がある。それには「それが今の流行だから」以上の理由がなければならない。チーム構造の改善や運用単位の分離とあわせて、アーキテクチャをドメイン単位で分割することは、進化的アーキテクチャの構成要素の1つである漸進的な変更を容易にする。それによって、作業の焦点が物理的な作業成果物と一致するからだ。

モノリシックアプリケーションを分解するときには、正しいサービスの粒度を見つけることが重要だ。大きなサービスを作成すると、トランザクションコンテキストやオーケストレーションのような問題は生じにくいものの、モノリスを小さな部品へと分解することにはならない。一方で、コンポーネントを細かくしすぎると、過剰なオーケストレーション、コミュニケーションのオーバーヘッド、コンポーネント間の相互依存といった問題が生じることになる。

アーキテクチャ移行の第一歩として、開発者は新しいサービス境界を特定する。チームは、次のような様々な分割方法を介して、モノリスをサービスに分割することを決定できる。

ビジネス機能グループ

企業はIT能力を直接反映した明確な区分を持っている可能性がある。既存のビジネスコミュニケーション階層を模倣するソフトウェアを構築することは、コンウェイの法則が適用されている状態に明確に該当する（「1.5　コンウェイの法則」参照）。

トランザクション境界

多くの企業は、遵守しなければならない広範なトランザクション境界を持っている。モノリスを分解する際、アーキテクトはトランザクション結合が最も分離しにくいということを理解する。このことは「5.2.1　2相コミットトランザクション」で説明した。

デプロイメント目標

漸進的な変更は開発者が異なるスケジュールでコードを選択的にリリースすることを可能にする。例えば、マーケティング部門は在庫部門よりも高い更新頻度を望む可能性がある。その基準が重要であれば、リリース速度のような運用上の関心事を中心としてサービスを分割することは理にかなっている。同様に、システムの一部は極端な運用特性（スケーラビリティのような）を持つ可能性がある。運用目標を中心としてサービスを分割することで、開発者は健康状態やその他のサービスの運用上のメトリクスを（適応度関数を介して）追跡することができる。

サービスの粒度が粗ければ、マイクロサービスに固有の調整問題の多くは解決する。1つのサービス内により多くのビジネスコンテキストが存在することになるからだ。しかし、サービスが大きいほど、運用の難しさは高まる傾向がある（これが、もう一方のアーキテクチャ上のトレードオフだ）。

6.4.2　モジュール相互作用を進化させる

（コンポーネントを含む）共有モジュールの移行は、開発者が直面する、もう1つのよくある難題だ。図6-3に示す構造を考えてみよう。

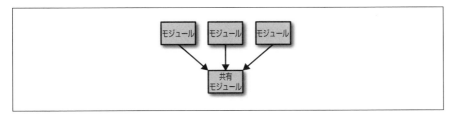

図6-3　遠心的結合と求心的結合を持つモジュール

図6-3では、3つのモジュール全てが同じライブラリを共有している。しかし、アーキテクトは3つのモジュールを別々のサービスに分離する必要がある。このとき、アーキテクトはどのようにこの依存関係を維持できるだろうか。

場合によっては、ライブラリはきれいに分割され、各モジュールが必要とする機能を別々に保持できるかもしれない。図6-4に示す状況を考えてみよう。

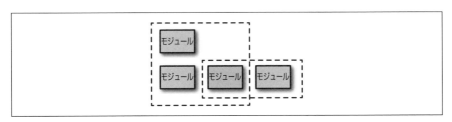

図6-4　共通の依存を持つモジュール

図6-4では、両方のモジュールが赤で示されているモジュールを必要としている。運がよければ、機能は中央からきれいに分割できる。そうすれば、図6-5に示すように、共有ライブラリはそれぞれの依存ライブラリが必要とする関連部分ごとに分割できるかもしれない。

しかし、たいていは共有ライブラリを簡単には分割できない。その場合には、モジュールを共有ライブラリ（JARやDLL、gem、その他のコンポーネントメカニズムなど）へと抽出する。そうすることで、図6-6に示すように、両方の場所からそれを使用できる。

共有は結合の一形態だ。そのため、マイクロサービスのようなアーキテクチャでは強く避けられる。別の方法には、図6-7に示すような、共有する代わりにライブラリを複製する方法がある。

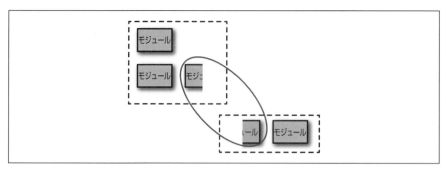

図6-5　共通の依存を分割する

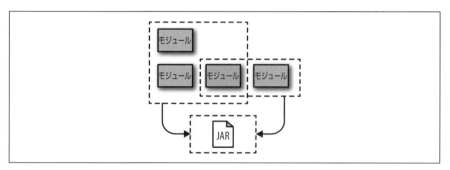

図6-6　JARファイルを介して依存を共有する

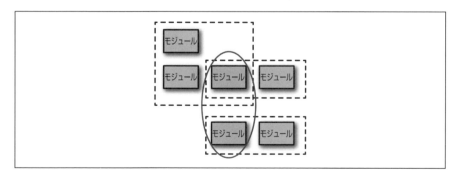

図6-7　結合点を削除するために共有ライブラリを複製する

分散環境では、開発者はメッセージングやサービス呼び出しを使って同様の種類の共有を実現するかもしれない。

正しいサービス分割を特定したら、次のステップはUIからビジネスレイヤを**分割**することだ。たとえマイクロサービスアーキテクチャであっても、UIはしばしばモノリスへと引き返してしまう。結局のところ、開発者はある時点で統一されたUIを表示する必要があるからだ。そのため、開発者は通常、UI層を移行の早い段階で分解し、UIコンポーネントとそれが呼び出すバックエンドサービス間を対応づけるプロキシレイヤを作成する。UIを分解することは、アーキテクチャの変更からUIの変更を隔離する腐敗防止層も作成する。

次のステップはサービスディスカバリだ。サービスが互いを見つけ、呼び出せるようにする。最終的には、アーキテクチャは調整を必要とするサービスにより構成される。発見メカニズムを早期に構築することによって、開発者は変更の準備ができたシステム部分からゆっくりと移行させることができるようになる。開発者はしばしばサービスディスカバリを単純なプロキシレイヤとして実装する。それは、それぞれのコンポーネントはプロキシを呼び出し、そのプロキシが特定の実装へとその呼び出しを対応付けるというように作られる。

> コンピュータサイエンスにおける問題の全ては、もう一段の間接参照によって解決できる。ただし、間接参照が多すぎることで引き起こされる問題はその限りではない。
>
> ——Dave Wheeler

もちろん、開発者が追加する間接参照のレベルが増えれば増えるほど、サービスのナビゲートはより難しくなる。

モノリシックアプリケーションアーキテクチャをよりサービスベースなものに移行する際、アーキテクトは、既存のアプリケーションでモジュールがどう接続しているかについて、細心の注意を払わなければならない。ナイーブな分割は深刻なパフォーマンス問題を引き起こす。アプリケーションの接合点は、レイテンシや可用性、その他の関心事を伴う統合アプリケーションの接続になる。一度に全体移行へ取り組むより、ずっと実践的なアプローチは、モノリシックを徐々にサービスへと分解し、トランザクション境界や構造的な結合をはじめとする固有の特性を探索して、再構築の反復を作り出すことだ。そのためには、まずモノリスをわずかな数の巨大な「アプリ

ケーションの部分」の固まりへと分解する。そして、統合点を修正し、不要なものを
ふるい落としていく。マイクロサービスの世界では、こうした段階的な移行が好まれ
る。

> モノリスから移行する際は、まず少数の大きなサービスを構築するところか
> ら始める。

——Sam Newman
『マイクロサービスアーキテクチャ』[7]

　次に、開発者はモノリスから選択したサービスを選び、切り離した上で、呼び出し
ポイントを修正する。適応度関数はここで重要な役割を果たす。開発者は新しく導入
された統合点が変更されないよう適応度関数を構築し、コンシューマ駆動契約を追加
する必要がある。

6.5　進化的アーキテクチャ構築のための手引き

　本書を通して、我々はいくつかの生物学のメタファーを使ってきた。もう１つの
メタファーをここで付け加える。我々の脳は、その各機能が注意深く構築されるよう
な、申し分のない純然たる環境で進化してきたのではない。そうではなく、それぞれ
の層は下にある古い層を礎にして進化してきた。我々の生命の核となる無意識化での
行動（呼吸や空腹など）の多くは、我々の脳においても爬虫類の脳とそう変わらない
部分に存在している。進化というものは、核となる機能をごっそり入れ替えてしまう
のではなく、新しい層を上に積み重ねていくものなのだ。

　大企業のソフトウェアアーキテクチャも同様のパターンに従う。ほとんどの企業
は、各能力を新たに再構築するのではなく、存在するものを順応させようとする。
我々は純粋で理想的な設定の元でアーキテクチャについて話すことを好むが、現実世
界では技術的負債による負の干渉や優先順位の競合、限定的な予算などが存在するこ
とが多い。大企業のアーキテクチャは人間の脳のように構築されている。低レベルの
システムは依然として古い荷物を抱えながら、重要な配管の細部を処理している。企
業は動いているものを廃止することを嫌い、それによって統合アーキテクチャの難題
はますます高まることになる。

　既存のアーキテクチャに進化可能性を組み込むことは困難だ。開発者がアーキテク

チャに変更を容易に加えられなければ、それが自発的に現れる可能性は低い。今どの
ような才能を持っていようとも、莫大な努力なしに、巨大な泥団子を現代のマイクロ
サービスアーキテクチャに変えられるアーキテクトはいない。幸い、いくつかの軟化
点を既存のアーキテクチャに構築することによって、プロジェクトはアーキテクチャ
全体を変更することなしに利益を享受できる。

6.5.1　不要な変数を取り除く

　継続的デリバリーの目標の1つは、既知の優れた要素を足場にしながら、安定性
を築くことにある。こうした目標は、イミュータブルインフラストラクチャの構築と
いった、現代の DevOps 的な視点によく現れている。1章では、ソフトウェア開発エ
コシステムにおける動的平衡について説明した。そのことは、どれほど多くの基盤が
ソフトウェア依存を中心に切り替わっているかという所によく表れている。開発者が
ソフトウェアの能力を更新し、サービスパックを発行し、微調整を行うことで、ソフ
トウェアシステムは絶え間なく変化していく。オペレーティングシステムは、ソフト
ウェアシステムが絶え間ない変化に耐えられることを示す優れた例だ。

　現代の DevOps は、**スノーフレーク**[2] をイミュータブルインフラストラクチャに置き
換えることで、動的平衡の問題を局所的に解決してきた。**スノーフレークサーバー**と
は、運用担当者が手動で構築してきたサーバーであり、将来にわたって全ての保守が
手作業で行われるものだ。Chad Fowler は彼のブログ記事「Trash Your Servers and
Burn Your Code: Immutable Infrastructure and Disposable Components[3]」の中で
イミュータブルインフラストラクチャという用語を作り出した。イミュータブルインフ
ラストラクチャとは、完全にプログラム的に定義されたシステムを指す。システムに
対する全ての変更は、実行中のオペレーティングシステムを修正することによってで
はなく、ソースコードを介して行わなければならない。したがって、システム全体は
運用の視点から見た場合にイミュータブルであり、システムがいったんブートする
と、他には何の変更も発生しない。

　不変性は進化可能性の真逆に聞こえるかもしれないが、実際にはそんなことはまっ
たくない。ソフトウェアシステムは何千もの動的なパーツから構成され、全てが密接

---

†2　訳注：一見同じように見えるものの実際にはそれぞれ形が異なるものを、雪の結晶（snowflake）に例えて
　　このように呼ぶ。
†3　http://chadfowler.com/2013/06/23/immutable-deployments.html

な依存関係の中で絡み合っている。残念なことに、開発者は依然としてそうした中の一部の変更による予期しない副作用と格闘している。イミュータブルインフラストラクチャでは、予期しない変更の可能性を閉じることで、システムを脆くする要因をより多く管理する。開発者は、コード内の変数を定数に置き換えることで変化のベクトルを減らすよう励む。DevOps はこの考え方を運用にも導入し、運用をより宣言的なものにする。

イミュータブルインフラストラクチャは、**不要な変数を削除する**という開発者の教えに従っている。進化するソフトウェアシステムを構築するということは、可能な限り多くの未知の要因を制御するということを意味する。オペレーティングシステムの最新のサービスパックがアプリケーションにどう影響するかを予測する適応度関数を構築することは事実上不可能だ。その代わりに、開発者はデプロイメントパイプラインが実行されるたびに新しいインフラストラクチャを構築し、互換性を破る変更を可能な限り積極的に捕まえていく。開発者がオペレーティングシステムなどの既知の基本的で変更可能な部分を可能な限り削除できれば、実行するテストの負担は少なくなる。

アーキテクトは、変更可能なものを定数に変換するあらゆる手段を見つけることができる。多くのチームがイミュータブルインフラストラクチャの教えを開発環境にまで拡張している。チームのメンバーが「けど私のマシンでは動いていたんです！」と叫ぶのを何回聞いただろうか。全ての開発者が完全に同じイメージを持つと保証することで、無用の変数の多くが消え去る。例えば、ほとんどの開発チームはリポジトリを介して開発ライブラリの更新を自動化する。しかし、IDE などのツールの更新はどうだろう。開発環境をイミュータブルインフラストラクチャとしてキャプチャすることで、開発者は常にみな同じ基盤で作業できる。

イミュータブルな開発環境を構築すると、有用なツールをプロジェクト全体に広めることもできる。ペアプログラミングは、多くのエンジニアリング中心のアジャイル開発チームでの一般的なやり方となっている。これには、各チームメンバーが数時間から数日ごとに定期的に変更になるペアローテーションも含まれる。このとき、前日使用していたコンピュータにはあったツールが今日のコンピュータになかったとすると、それはイライラにつながる。開発者システム向けに単一ソースを構築することで、全ての開発者システムに便利なツールを一度に追加することが容易になる。

スノーフレークの危険性

「Knightmare: A DevOps Cautionary Tale」[†4] という人気ブログに、スノーフレークサーバーに関する次のような注意書きがある。金融サービスを提供しているとある会社に、以前 PowerPeg という取引の詳細を処理するアルゴリズムがあった。このコードは何年にもわたって使用されていなかったにもかかわらず、開発者はこのコードを決して削除しなかった。そのコードは、オフ状態で残された機能トグルの元に存在していた。規制の変更にしたがって、開発者は SMARS という新しい取引アルゴリズムを実装した。彼らは怠惰だったので、古い PowerPeg 機能トグルを、新しい SMARS コードの実装に再利用しようと決めた。2012 年 8 月 1 日、開発者は新しいコードを 7 台のサーバーへデプロイした。彼らのシステムは 8 台のサーバー上で動いていたものの、残念ながらそのうちの 1 台は更新されなかった。彼らが PowerPeg 機能トグルを有効にすると、7 台のサーバーが販売を開始し……そして残りの 1 台はなんと購入を始めた！ 開発者は誤って、安値で売り高値で買う操作を自動で行うという、最悪の市場シナリオを設定してしまった。開発者は、新しいコードが犯人であると確信し、7 台のサーバー上のコードをロールバックした。しかし、機能トグルはオンのままだった。つまり、今や全てのサーバーで PowerPeg コードが実行されてしまったことを意味する。混乱を治めるまでに 45 分がかかり、4 億ドル以上の損失を生み出した。幸いなことに、会社はそれ以上の価値を有していたため、彼らはエンジェル投資家によって救われた。

この話は、未知の変数が起こす問題を強調している。古い機能トグルを再利用することは無謀だ。機能トグルのベストプラクティスは、目的を達したなら、その機能トグルはできるだけすみやかに積極的に削除することだ。重要なソフトウェアをサーバーに自動でデプロイしないことも、現代の DevOps 環境では無謀なことだといえる。

[†4] https://dougseven.com/2014/04/17/knightmare-a-devops-cautionary-tale/

不要な変数を特定し削除すること。

6.5.2　決定を可逆にする

　必然的に、積極的に進化するシステムは予期しない失敗に陥ることになる。そうした失敗が起こると、開発者は将来の予防として新しい適応度関数を作成する必要がある。しかし、失敗から回復するにはどうすればよいだろうか。

　DevOps の多くのプラクティスは、**可逆可能な判断**、すなわち元に戻す必要のある決定を可能にする。例えば、DevOps によく見られるものに、**ブルーグリーンデプロイメント**がある。ブルーグリーンデプロイメントでは、運用は、ブルーな環境とグリーンな環境という（ほぼ実質的に）同一の2つのエコシステムを持つ。もし現在の本番環境がブルー上で動いていたら、グリーンは次のリリースに向けたステージング環境となる。グリーンのリリース準備が整ったら、それは本番環境になり、ブルーは一時的にバックアップ状態に移行する。もし、グリーンで何かがうまくいかなければ、運用は痛みをあまり伴うことなく、ブルーへと本番環境を戻すことができる。グリーンに問題がなければ、ブルーは次のリリースに向けたステージング環境となる。

　機能トグルは、開発者が決定を可逆にする、もう1つのよく見られる方法だ。開発者は、変更を機能トグルの下にデプロイすることによって、ユーザーの小さなサブセットに対してリリースを行い（カナリアリリース[5]と呼ばれる）、変更を確認できる。機能が予期しない動作をしたなら、開発者はトグルを元の状態に戻し、もう一度試す前に失敗を修正できる。ただし、期限切れの機能トグルは必ず削除しよう。

　機能トグルを使用すると、こうしたシナリオでリスクを大幅に減らせる。要求コンテキストに基づいた特定のサービスへルーティングするサービスルーティングは、マイクロサービスエコシステムにおけるカナリアリリースのもう1つのよく見られる方法だ。

---

[5] https://martinfowler.com/bliki/CanaryRelease.html

（過剰性能にすることなく）可能な限り多くの意思決定を可逆にすること。

6.5.3 予測可能ではなく進化可能を選ぶ

> 知っての通り、既知の知というものがある。これは我々が知っていると知っていることだ。また、既知の未知もある。すなわち、現時点で既知でないとわかっている事柄だ。しかし、未知の未知もある。これは我々が知らないということさえ知らないことだ。
>
> ——ドナルド・ラムズフェルド

未知の未知は、ソフトウェアシステムの元凶だ。多くのプロジェクトは、**既知の未知**のリストとともに始まる。既知の未知とは、開発者が学ぶ必要があることをわかっているドメインやテクノロジーだ。しかし、プロジェクトは**未知の未知**の餌食になる。未知の未知とは、予期せずに生じる、誰もそれが登場することがわかっていなかったものだ。これこそ、全てのBDUF（Big Design Up Front）なソフトウェアの試みが苦しむ理由だ。アーキテクトは未知の未知を設計できない。

> 全てのアーキテクチャは未知の未知のためにイテレーティブになる。アジャイルはこれを認識し、すぐにそれを行う。
>
> ——Mark Richards

未知のものを何とかできるアーキテクチャはなく、動的平衡はソフトウェアの予測可能性を無駄にする。代わりに、我々は**進化可能性**をソフトウェアに組み入れることを望む。もしプロジェクトが簡単に変化を取り込めるのであれば、アーキテクトが水晶玉をのぞき込んで占う必要なんてない。アーキテクチャというのは、最初に作ってしまえばそれで終わりというような代物ではない。プロジェクトはその生涯を通じて、常に変化し続ける。明白に、しかも予期しないような形で。開発者が彼ら自身を変化から守るためによく使用する手法の1つには、**腐敗防止層**を使うという方法がある。

6.5.4　腐敗防止層を構築する

　プロジェクトは、メッセージキューや検索エンジンといった、偶発的な配線を
もたらすライブラリを自身に結合することがよくある。**抽象化の乱れ**（Abstraction
Distraction）アンチパターンは、商用製品やオープンソースなどの外部ライブラリに
あまりにも多く「配線」されているプロジェクトで起こるシナリオだ。開発者がライ
ブラリを更新するか入れ替えようとすると、そのシナリオに陥ることになる。ライブ
ラリを利用しているアプリケーションコードの多くが、以前のライブラリの抽象化に
基づいた前提が織り込んでしまうからだ。ドメイン駆動設計には、**腐敗防止層**と呼ば
れるこの現象に対する防御策がある。以下に例を示す。

　アジャイルアーキテクトは、意思決定における「**最終責任時点**」原則を重んじる。
この原則は、早過ぎる複雑さの注入という、プロジェクトによく見られる危険に対処
するために用いられる。我々が卸売クルマ販売を管理する顧客の Ruby on Rails プロ
ジェクトを断続的に支援していたときのことだ。アプリケーションが公開された後、
予期しないワークフローが発生した。中古車ディーラーは、新しく入荷した車両に関
する情報を、巨大なバッチでアップロードする傾向があることが判明したのだ。それ
には車種ごとの車両数のみならず、車体ごとの数枚の写真も含まれていた。加えて、
一般の人々が中古車のディーラーを信用しないのと同様、ディーラーもお互いを**本当**
に信用していないために、それぞれの車体画像は全体的に透かし画像を含めた画像に
する必要があった。よって、ユーザーはアップロードを開始したら、進捗を得るとと
もに、進捗バーやバッチが終了したかを後でチェックできるような何らかの UI メカ
ニズムを欲した。技術用語に翻訳すると、彼らは非同期アップロードを望んでいた。

　メッセージキューは、こうした問題に対する伝統的なアーキテクチャ上の解決策
だ。そのため、チームはオープンソースのキューをアーキテクチャに追加するかどう
かを議論した。この時点で多くのプロジェクトが犯すよくある罠は、「最終的に多く
のメッセージキューを必要とすることがわかっているのだから、現時点で想像しうる
最高のものを用意し、その中で成長させていきましょう！」といった姿勢だ。このア
プローチの問題は**技術的負債**だ。それはプロジェクトの一部として本来はあるはずの
ないものであり、あるべきものの邪魔になるものだ。たいていの開発者は、粗悪な古
いコードを唯一の技術的負債の形とみなす。しかし、プロジェクトは早過ぎる複雑さ
の導入によって技術的負債を偶発的に仕込んでしまう可能性がある。

　このプロジェクトで、アーキテクトは開発者に単純な方法を見つけるよう奨励

した。すると、ある開発者がリレーショナルデータベースをバックエンドに単一のメッセージキューをシミュレートする、極めて単純なオープンソースライブラリ BackgrounDRb[†6] を見つけた。アーキテクトはこのシンプルなツールが将来の問題には太刀打ちできないであろうことは分かっていたものの、このツールを使うことに異論はなかった。アーキテクトは、将来の利用量を予測しようとするのではなく、このライブラリを API の後ろに置くことで比較的容易に置き換えられるようにした。**最終責任時点**で答えるべき質問は次のようなものだ。「今この判断をしなければならないだろうか」「仕事を遅らせることなく、この判断を安全に延期する方法はあるだろうか」「今ここに置くのに十分足りるものは何で、必要に応じて後で変更が容易だろうか」

その後、めでたく 1 年が経つあたりで、売上周りの待機イベントの形で、非同期性に関する第二の要求が現れた。アーキテクトはその状況を評価し、BackgrounDRb の 2 つ目のインスタンスを立てることで十分だと判断し、配置して動かした。2 周年を迎えるころには、キャッシュやサマリのような、値を絶えず更新することに関して第三の要求が現れた。しかし、チームは現在の解決策ではこの新たな作業負荷を処理できないだろうことに気付いていた。プロジェクトはようやくその時点で、非同期処理の仕組みを単純だけれどもより伝統的なメッセージキューである Starling[†7] に切り替えた。元の解決策をインターフェイスの後ろに隔離していたおかげで、1 組の開発者のペアが 1 イテレーション（そのプロジェクトでは 1 イテレーションは 1 週間だった）未満で、他の開発者の作業を中断することなく、この移行を完了することができた。

アーキテクトがインターフェイスの適切な位置に腐敗防止層を置いていたおかげで、機能の置き換えを機械的な作業にできたのだ。腐敗防止層を構築することは、アーキテクトに対して、特定の API の**構文**を考えることではなく、ライブラリから彼らが必要とするものは何かという**意味**を考えることを促す。しかし、これは決して**全てを抽象化する**言い訳ではない。開発コミュニティの中には、抽象化の高い予防層を気に入りつつも、Thing のリモートインターフェイスのプロキシを取得するために Factory を呼び出さなければならないときに苦しむことを理解している。幸いにも、現代の言語や IDE では、開発者は**ジャストインタイム**でインターフェイスを抽出でき

---

†6 https://github.com/gnufied/backgroundrb
†7 https://github.com/starling/starling

るようになっている。変更の必要がある古いライブラリに結び付けられていることをプロジェクトが発見したなら、IDE は開発者の代わりにインターフェイスを抽出し、ジャストインタイム（JIT）な腐敗防止層を作成することができる。

ライブラリの変更から保護するために、ジャストインタイムの腐敗防止層を構築すること。

アプリケーション内の結合点、特に外部リソースへの結合点を制御することは、アーキテクトにとっての重要な責務の 1 つだ。アーキテクトは、依存を追加するために実用的な時間を見つけなくてはならない。依存は利益をもたらすだけでなく、制約も課すということを忘れてはいけない。依存がもたらすメリットが更新や依存関係管理などのコストを上回るものであることを確認するようにしよう。

> 開発者は利益は全て理解しているくせに、トレードオフについてはまったくわかっちゃいない！
>
> ——Rich Hickey（Clojure の作者）

アーキテクトは、利益と代償の両方を理解し、それを踏まえて開発プラクティスを作り上げていかなくてはならない。

腐敗防止層を用いることは、進化可能性を促進する。アーキテクトは未来を予測することはできない。しかし、負の影響を与えないように、少なくとも変更コストを下げることはできる。

6.5.5　ケーススタディ：サービステンプレート

マイクロサービスアーキテクチャは**無共有アーキテクチャ**として設計されている。各コンポーネントは可能な限り他と疎結合化されており、境界づけられたコンテキスト原則を遵守している。しかし、サービス間の結合の回避には、ドメインクラスやデータベーススキーマをはじめとする、進化する能力を損なう結合点がつきものだ。開発チームは、統一性を保証するために、「**不要な変数を削除する**」教えに従って、技術的結合のいくつかの側面を均一に管理することがよくある。例えば、このアーキテクチャスタイルでは、多量の稼働部品があるために、監視やロギングをはじめとする

診断は重要だ。運用は何千ものサービスを管理する必要があり、サービスチームがサービスのうちのどれか1つにでも監視能力を付け忘れることは、致命的な結果を引き起こす可能性がある。もし監視がされなかったとしたら、そのサービスはデプロイ後にブラックホールへと消失し、見えなくなってしまうことだろう。では、高度に分離された環境で、チームはどのようにして一貫性を強化できるのだろうか。

サービステンプレートは、一貫性を保証するためのよく知られた解決策の1つだ。サービステンプレートとは、サービスディスカバリ、監視、ロギング、メトリクス、認証・認可などの共通のインフラストラクチャライブラリの事前設定された集合体だ。大規模な組織では、共有インフラストラクチャチームがこのサービステンプレートを管理する。サービス実装チームはこのテンプレートを足場として使用し、その中に動作を記述する。ロギングツールを更新する必要がある場合には、共有インフラストラクチャチームはそれをサービスチームとは直交して管理できる。サービスチームは、ロギングツールに変更があったことを知る必要もなければ、気にすべきでもない。もし互換性を破る変更が発生した場合は、デプロイメントパイプラインのプロビジョニングフェーズで障害が発生し、開発者には可能な限り早くその問題が通知されることになる。

これは、**適切な結合**を重視する際に我々が意図していることをよく示している。サービスを超えて機能的な技術アーキテクチャを複製すると、よく知られる様々な問題が発生する。必要とする結合のレベルを正確に理解することで、新しい問題を生み出すことなく、自在に進化することができる。

サービステンプレートを使用して、アーキテクチャの適切な部分、すなわちチームが結合の恩恵を受けるためのインフラストラクチャ要素だけを結合する。

サービステンプレートは、順応性の良い例だ。システムの主要な構造から技術アーキテクチャを取り除くことで、アーキテクチャの次元だけを変更の目標にしやすくなる。レイヤ化アーキテクチャを構築した場合には、各レイヤ内での変更は容易ではあるものの、レイヤ間は高度に結合されることになる。レイヤ化アーキテクチャは技術アーキテクチャをそれぞれの部品に分割する一方、ドメインやセキュリティ、運用といった他の関心事をもつれさせる。（サービステンプレートなどによって）技術アーキテクチャの関心事だけのためにアーキテクチャの一部を構築することによって、開

発者はその次元全体への変更を分離し、統一することができる。次は、4章で説明したデプロイ可能な単位としてのアーキテクチャ要素についての考え方について説明していく。

6.5.6 犠牲的アーキテクチャの構築

Fred Brooks は著書『人月の神話』（丸善出版）[10]で、新しいソフトウェアシステムを構築する際に「Plan to Throw One Away（何を捨てるかを計画すること）」[8] について、こう語っている。

> したがって、管理上の問題はパイロットシステムを構築してそれを捨てるかどうかではない。そうすることになるのだ。（中略）したがって、どうにかして、1つ捨てることを計画すること。やるんだ。

彼の指摘は、いったんシステムを構築したなら、チームは、全ての未知の未知と、初めには決して明らかでなかった適切なアーキテクチャ上の決定を理解しているということだ。したがって、次のバージョンでは、これら全ての教えから利益を得られることになる。アーキテクチャレベルでは、開発者は根本的に変化する要件と特性に苦労して取り組むことになる。正しいアーキテクチャを選択できるくらい十分に学ぶ方法の1つには、考えの証明を構築することがある。Martin Fowler は、考えがうまくいくことがわかったら投げ捨てるよう設計されたアーキテクチャを、犠牲的アーキテクチャ[9] として定義した。例えば、eBay は 1995 年に Perl スクリプトの集合としてスタートし、1997 年に C++ に移行し、2002 年には Java へと移行した。eBay がシステムを何回も再構築しているにもかかわらず、うまくいっていることは明らかだ。Twitter もこのアプローチをうまく活用した格好の例だ。Twitter がリリースされたとき、Twitter は迅速な市場投入時間を実現するために Ruby on Rails で書かれていた。しかし、Twitter が人気になると、プラットフォームはスケールに対応できなくなり、頻繁にクラッシュしたり、利用が制限されたりするようになった。多くの初期ユーザーは、**図6-8** に示す彼らの障害クジラと慣れ親しんだ。

---

[8]　http://wiki.c2.com/?PlanToThrowOneAway

[9]　https://martinfowler.com/bliki/SacrificialArchitecture.html（日本語訳：http://bliki-ja.github.io/SacrificialArchitecture/）

6.5　進化的アーキテクチャ構築のための手引き | 145

図6-8　Twitterの有名な障害クジラ

　その結果として、Twitterはバックエンドをより堅牢なものにするためアーキテクチャを再構築した。しかし、この戦術こそTwitterが生き残った理由だとも主張できる。もしTwitterのエンジニアが最初から堅牢なプラットフォームを構築していたら、彼らは市場に製品を投入することが遅れ、Snitterやその他の代替のショートメッセージングサービスが市場に出るのに十分な時間を与えてしまったことだろう。成長する痛みを伴ったものの、犠牲的アーキテクチャからの出発は最終的に報われることとなった。

　クラウド環境は犠牲的アーキテクチャをより魅力的な手段とする。テストしたいプロジェクトがある場合には、最初のバージョンをクラウドに構築することで、ソフトウェアのリリースに必要なリソースを大幅に削減できる。プロジェクトがうまくいったなら、アーキテクトはより適切なアーキテクチャを構築するために時間を使うことができる。そして、腐敗防止層をはじめとする進化的アーキテクチャのためのプラクティスに気を付けることで、開発者は移行の痛みをいくらかは緩和できる。

　多くの企業は市場が存在することを証明する「実用最小限の製品（*Minimum Viable Product*：MVP）」[10]を実現するために犠牲的アーキテクチャを構築する。これは良い戦略だ。しかし、その一方で、チームは最終的にはより堅牢なアーキテクチャを構築するために、Twitterよりは明らかな苦労ではなければいいのだけれども、時間とリソースを割り当てなければならない。

　当初はうまくいったプロジェクトの多くに影響を与える、もう1つの技術的負債の側面が、**セカンドシステムシンドローム**だ。これもFred Brooksによって明らかに

---

[10] https://en.wikipedia.org/wiki/Minimum_viable_product

146 | 6章　進化可能なアーキテクチャの構築

されたもので、小さく賢明なうまくいったシステムが、膨大な期待のために、重量な
フィーチャを積んだ巨大な怪物へと進化する傾向を指している。ビジネス側の人間
は、動いているコードを捨てることを嫌う。そのため、アーキテクチャは削除したり
廃止したりすることなく、常に追加されていく傾向がある。

技術的負債はメタファーとして効果的に機能する。それはプロジェクトの経験に共
鳴して、その背後にある原動力にかかわらず設計上の欠陥を表すからだ。技術的負債
はプロジェクトの不適切な結合を悪化させる。病的な結合やその他のアンチパターン
として頻繁に現れる粗末な設計は、コードの再構築を難しくする。開発者がアーキテ
クチャを再構築する際の最初のステップは、技術的負債として現れている歴史的な設
計上の妥協点を取り除くことだ。

6.5.7　外部の変更を軽減する

全ての開発プラットフォームに共通する特徴に、**外部依存関係**がある。外部依存関
係とは、ツール、フレームワーク、ライブラリなどの、インターネットを介して提
供・更新される資源を指す（インターネットを介して更新されることの方がより重要
な意味合いを持つ）。ソフトウェア開発は、抽象的なスタックの上にそびえ立ってお
り、それぞれのスタックは自身より前方の抽象化に基づいて構築される。例えば、オ
ペレーティングシステムは開発者の制御外にある外部依存関係だ。自分たちのオペ
レーティングシステムを書くことを望まない限り、企業はその外部依存関係に依存す
る必要がある。

たいていのプロジェクトは、ビルドツールによって適用される膨大な数のサード
パーティ製コンポーネントに依存している。得られる利益から開発者はサードパー
ティ製コンポーネントに依存することを好むが、多くの開発者はそれにはコストも
付いてくるという事実を無視する。サードパーティのコードに頼っている場合、開発
者は、互換性を破る変更や予告なしの削除といった予期せぬ事態のために独自の保護
手段を作成する必要がある。進化的アーキテクチャを作成する際には、こうしたプロ
ジェクト外の部分を管理することが重要となる。

インターネットを壊した 11 行のコード

2016 年の初め、JavaScript 開発者は、些細なものに依存する危険性について厳しい教訓を得た。多数の小さなユーティリティを開発してきた開発者は、彼のモジュールのうちの 1 つが商用プロジェクトの名前とぶつかり、モジュール名を変更することを要請されて不満を募らせた。彼は要請に従う代わりに、250 を超える彼のモジュールを削除した。その中には leftpad.io と呼ばれるライブラリがあった。このコードは、文字列を 0 かスペースで埋める 11 行のコードだった（もし 11 行のコードを「ライブラリ」と呼んでよいのなら、の話だが）。残念なことに、多くの有名な JavaScript プロジェクト（Node.js を含む）がこの依存関係を当てにしていた。そのため、それが消えたとき、全ての JavaScript のデプロイが壊れることになった。

JavaScript パッケージのリポジトリ管理者は、エコシステムを復元するために、削除されたコードを復元するという前例のない対処を行った。その一方で、依存関係管理に関するトレンドの知見について、コミュニティ内でより深い会話を生み出した。

この話には、アーキテクトにとって重要な 2 つの教訓が含まれている。まず、外部ライブラリが利益とコストの両方をもたらすことを忘れないということ。そのためには、利益がコストを正当化していることを確認しよう。第二に、外部の力がビルドの安定性に影響を与えないようにすること。上流が必要とする依存関係が突然消えた場合は、その変更を拒否すべきだ。

コンピュータサイエンス上の伝説的人物 Edsger Dijkstra は、1968 年に有名な「GoTo 文は有害だとみなす」という評価によって、構造化されていないコーディングの既存のベストプラクティスに穴をあけ、それは最終的に構造化プログラミング革命へと結びついた。それ以降、「〜を有害だとみなす」はソフトウェア開発の騒動となっている。

過渡的な依存性管理は、我々が「有害とみなす」瞬間だ。
——Chris Ford（Neal とは無関係の人物）

Chris の指摘する点はこうだ。我々は問題の重大さを認識するまでは、解決策を決定することはできない。問題に対する解決策は提示していない一方で、そのことを我々は強調する必要がある。なぜなら、それが進化的アーキテクチャに大いに影響を与えるからだ。安定性は、継続的デリバリーと進化的アーキテクチャ両方の土台の1つだ。不安定なものの上では、反復可能な開発プラクティスは実践できない。核となる依存関係の変更をサードパーティに許すことは、この原則に反する。

我々は依存関係管理にもっと積極的にアプローチすることを推奨する。依存関係管理の良いスタートは、プルモデルを使い外部依存関係をモデル化することだ。例えば、内部にバージョン管理リポジトリを設定し、外部からの変更をそのリポジトリへのプルリクエストとして扱う。もし有益な変更が起こった場合は、エコシステムにそれを入れる。しかし、核となる依存関係が突然消えた場合には、安定性を損なう力を持つとして、そのプルリクエストを拒否する。

継続的デリバリーの精神に従い、サードパーティコンポーネントのリポジトリは自身のデプロイメントパイプラインを利用する。更新が発生すると、そのデプロイメントパイプラインが変更を取り込む。そして、影響を受けるアプリケーションのビルドとスモークテストを実行する。うまくいったら、エコシステムへの変更は許される。したがって、サードパーティの依存関係は、内部開発と同等の開発プラクティスと仕組みを使用する。これによって、内部で書かれたコードとサードパーティへの依存関係との間の重要でない区別を超え、それらの境界をぼやかすことができる。つまるところ、全てはプロジェクトのコードということだ。

6.5.8　ライブラリのアップデートとフレームワークのアップデート

アーキテクトは、ライブラリとフレームワークの差異について共通認識を持っている。それは砕けた定義でいうと、「開発者のコードが呼び出すものがライブラリで、開発者のコードを呼び出すものがフレームワーク」というものだ。一般的に、開発者はフレームワークのクラスを継承するため（フレームワークはそれらの派生クラスを次に呼び出す）、差異はフレームワークが呼び出すコードということになる。逆に、ライブラリのコードは一般的に関連するクラスや関数の集合として、開発者が必要に応じて呼び出すものだ。フレームワークは開発者のコードを呼び出すので、コードはフレームワークと高度な結合を作る。対照的に、ライブラリは一般的に、より汎用的

なコード（XMLプロセッサやネットワークライブラリなど）のため、結合の度合いは低くなる。

我々が好むのはライブラリの使用だ。そちらの方が、アプリケーションへの結合が少なくて済み、技術アーキテクチャの進化が必要なときに置き換えが容易だからだ。

ライブラリとフレームワークを異なるものとして扱う1つの理由は、開発プラクティスに行き着く。フレームワークには、UIやORマッパーのような能力や、モデル・ビュー・コントローラの足場作りなどが含まれる。フレームワークはアプリケーションの残りの部分の足場を形作るため、アプリケーションコードの全ては、フレームワークの変更による影響を受ける。我々の多くは、この痛みを日々感じている。基盤となるフレームワークのメジャーバージョンが2つ以上時代遅れになることをチームが許してしまったならば、それを最終的に更新するための労力（と痛み）はひどいものになる。

フレームワークはアプリケーションの基礎部分であるため、チームは積極的に更新を行わなければならない。ライブラリは一般的にフレームワークよりも弱い結合点を形成するため、更新についてチームはよりカジュアルに行うことができる。1つの形式張らないガバナンスモデルとしては、フレームワークの更新を**プッシュ更新**として扱い、ライブラリの更新を**プル更新**として扱う。（求心的・遠心的な結合数が一定の閾値を上回る）基盤となるフレームワークが更新された場合には、チームはすみやかに新しいバージョンを適用しなければならない。そうすることで、チームは変更に時間を割り当てることができる。それは時間と労力を使うことにはなるが、早期に時間を費やす場合のコストは、チームが更新を果てなく先延ばしにした場合に比べたら、ほんのごくわずかで済む。ほとんどのライブラリは実用的な機能性を備えているため、ほとんどの場合、チームは「必要なときに更新する」モデルを採用して、新たな望ましい機能が登場したときのみライブラリを更新する余裕がある。

フレームワークの依存関係は積極的に更新し、ライブラリの依存関係は受動的に更新すること。

6.5.9　スナップショットよりも継続的デリバリーを選ぶ

多くの依存関係管理ツールは、現在進行中の開発を扱うために**スナップショット**と呼ばれる仕組みを用いる。スナップショットビルドとは、もともとはリリース準備が整っているがまだ開発中のコンポーネントを示すためのものを差す。これは、言外には定期的に変更される可能性のあるコードからなるという意味合いがある。そして、コンポーネントがバージョン番号とともに「祝福」されると、「-snapshot」という呼称は消え去ることになる。

開発者がスナップショットを使う理由は、テストは難しく時間を食うものだという歴史的な定説に基づいている。そして、それは変更しないものから変更するものの分離を促す。

進化的アーキテクチャでは、我々は全てのことが常に変化することを予期し、変化に適応するために開発プラクティスと適応度関数を作り上げる。例えば、プロジェクトが素晴らしいテストカバレッジとデプロイメントパイプラインを持つときには、開発者は全てのコンポーネントへの全ての変更を自動化されたデプロイメントパイプラインを介してテストする。開発者はプロジェクトの各部分のために「特別な」リポジトリを維持する理由はない。

（外部）依存関係にはスナップショットよりも継続的デリバリーを選ぶこと。

スナップショットは包括的なテストが一般的でなく、ストレージが高価で、検証が難しかった時代の産物だ。今日の進歩した開発プラクティスでは、コンポーネント依存性の非効率な処理を回避する。

継続的デリバリーは、ここで繰り返してきた依存関係について考えるより特別な方法を提案した。これまでは、開発者は**静的な**依存関係しか持たなかった。したがって、ビルドファイルのどこかにメタデータとしてバージョン番号を記録することでリンクしていた。しかし、より**積極的な更新**を推進する仕組みを必要とする現代のプロジェクトにとって、これは十分ではない。したがって、本書では、開発者は外部依存関係の2つの新しい指定を導入すべきだと提案する。それは、**不安定な依存関係**と**保護された依存関係**だ。**不安定な依存関係**は、デプロイメントパイプラインのようなメカニズムを使って、自身を自動的に次のバージョンに更新しようとする。例えば、orderが

framework のバージョン 1.2 に不安定に依存しているとする。framework がバージョン 1.3 に更新されると、order はデプロイメントパイプラインを介して変更を組み込もうとする。デプロイメントパイプラインは、どこかが変更されるたびにプロジェクトを再構築しようとする。デプロイメントパイプラインの実行が完了すると、コンポーネント間の不安定な依存関係が更新される。しかし、テストの失敗やダイヤモンド依存関係の破壊など、なにかが正常終了を妨げると、依存関係は framework1.2 の**保護さ**れ信頼されるものへと更新される。これは、開発者は問題を見つけ修正する必要があることを意味している。もしコンポーネントに本当に互換性がなければ、開発者は古いバージョンへの永続的な静的参照を作成し、将来の自動更新を避けるようにする。

一般的なビルドツールは、いずれもこのレベルの機能はサポートしていない。そのため、開発者は既存のビルドツールの上にこの知性を構築する必要がある。しかし、この依存関係のモデルは、サイクルタイムが重要な基礎を成す値であり、他の主要なメトリクスの多くに比例する、進化的アーキテクチャにおいて非常にうまく機能する。

6.5.10　内部的にサービスをバージョン付けする

どの統合アーキテクチャであっても、サービスの動作が進化するにつれて、必然的にエンドポイントをバージョン付けする必要がでてくる。このとき、開発者はエンドポイントのバージョン付けに対して 2 つのよくあるパターンを使う。**ナンバリングによるバージョン付け**と**内部解決**だ。ナンバリングによるバージョン付けでは、開発者は互換性を破る変更が生じる際に新しいエンドポイント名を作成する。このとき、エンドポイント名にはバージョン番号が含まれることが多い。これによって、新しい統合点が新しいバージョンを呼び出しつつ、古い統合点が従来のバージョンを呼び出すことができる。別の方法は、内部解決だ。内部解決では、呼び出し元は決してエンドポイントを変更しない。代わりに、開発者は呼び出し元のコンテキストを判断し、正しいバージョンを返すロジックをエンドポイントに組み込む。名前を永遠に保持する利点は、呼び出し元アプリケーションの特定のバージョン番号への結合が弱まることだ。

いずれの場合も、サポートされるバージョンの数は厳しく制限すべきだ。より多くのバージョンはより多くのテストとその他のエンジニアリング的な負担を生じさせる。一度にサポートするのは 2 つのバージョンまでとし、それも一時的なものであ

るように努めるのがよいだろう。

> サービスをバージョン付けする際は、ナンバリングよりも内部解決によるバージョン付けを選ぶこと。そして一度にサポートするバージョンは2つまでとすること。

6.6　ケーススタディ：PenultimateWidgetsの評価サービスの進化

　PenultimateWidgetsにはマイクロサービスアーキテクチャがあり、開発者は小さな変更を加えることができる。そうした小さな変更の1つ、3章で概要を示した星評価機能の切り替えの詳細を詳しく見ていこう。PenultimateWidgetsには現在、図6-9に示すような星評価サービスがある。

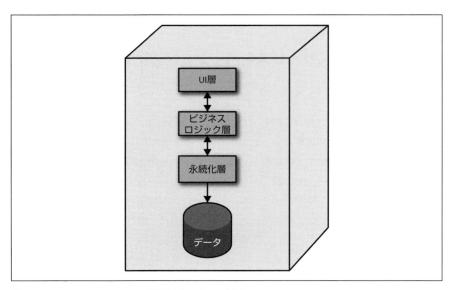

図6-9　PenultimateWidgetsの星評価サービスの内部

　図6-9に示すように、星評価サービスは永続化とビジネスルール、UIを持つレイヤ化アーキテクチャとデータベースから構成される。PenultimateWidgetsの全てのサービスがUIを持つわけではない。サービスの中には主に情報提供を目的とした

サービスもあれば、星評価サービスと同様にサービスの振る舞いと密に関連したUIを持つサービスもある。データベースは伝統的なリレーショナルデータベースで、特定のアイテムIDの評価を追跡する列が含まれている。

チームがサービスを半分の星評価をサポートするように更新することを決定したとき、チームは元のサービスを図6-10に示すように変更した。

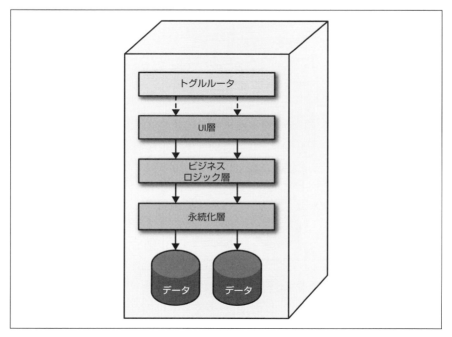

図6-10　移行フェーズ。両方のタイプの星評価サービスをサポートする

図6-10では、チームはデータベースに新しいカラムを追加し、追加の星半分の評価を持つかどうかを示す追加データを処理するようにした。アーキテクチャはまた、サービス境界で差分を解消するためにプロキシコンポーネントも追加した。呼び出し元がこのサービスのバージョン番号を「理解する」よう強制するのではなく、星評価サービスはリクエストタイプを解決して、要求されたフォーマットを返却する。これは進化的な仕組みとしてルーティングを使用する例だ。これで星評価サービスはいくつかのサービスが旧来の星評価サービスを望む限り、元の状態で存在することができる。

最後の依存サービスが旧来の星評価から離れて進化すると、開発者は図6-11 に示すように古いコードを削除できる。

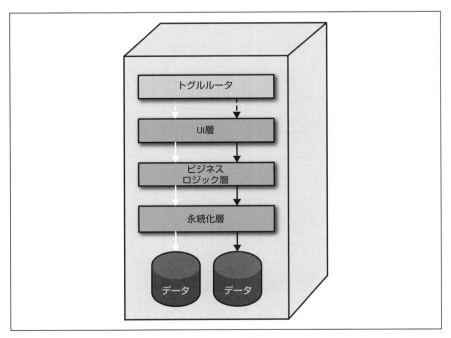

図6-11　星評価サービスの最終状態。新しいタイプの評価しかサポートしない

図6-11 に示すように、開発者は古いコードパスを削除でき、バージョンの差異を処理していたプロキシレイヤも削除できる（あるいは、これは将来の進化をサポートするために残しておくこともできる）。

この場合、PenultimateWidgets の変更はデータ進化の観点からは難しくなかった。開発者が追加的な変更を行うことができたからだ。これはそれを変更するよりもデータベーススキーマを追加できることを意味している。新しい機能のためにデータベースを変更する必要がある場合はどうだろうか。その場合については「5 章　進化的データ」を参照してほしい。

7章
進化的アーキテクチャの落とし穴と
アンチパターン

　ここまではアーキテクチャの適切な結合レベルについて説明することに多く時間を費やしてきた。しかし、我々が住むのは現実世界だ。そして、プロジェクトの進化の能力に害を及ぼす多くの結合を見ている。

　ソフトウェアプロジェクトには2種類の悪いプラクティスがある。それが**落とし穴**と**アンチパターン**だ。多くの開発者は**アンチパターン**という言葉を「悪い」の俗語として使用しているが、実際の意味はもう少し微妙だ。ソフトウェアにおけるアンチパターンには2つの要素がある。一つは、アンチパターンは当初は良い考えのように見えるものの、結果的に誤りであることが判明するということ。もう一つは、ほとんどのアンチパターンにはより良い選択肢が存在するということだ。アーキテクトは多くのアンチパターンを後になってから気づく。そのため、避けることは困難だ。**落とし穴**は表面的にはよい考えのように見えるが、すぐに筋の悪さが明らかになる。本章では、落とし穴とアンチパターンの両方を扱うこととする。

7.1　技術アーキテクチャ

　この節では、アーキテクチャを進化させるチームの能力を特に損なう業界によくあるプラクティスに焦点を当てる。

7.1.1　アンチパターン：ベンダーキング

　いくつかの大企業は、会計や在庫管理をはじめとする一般業務を処理するエンタープライズリソースプランニング（ERP）ソフトウェアを購入する。これは、企業がビジネスプロセスやその他の判断をツールに合わせても構わない場合には役に立つ。また、アーキテクトが利益と同程度にその制限を理解するときには、そうしたソフト

ウェアを戦略的に活用することもできる。

しかし、多くの組織はこの種のソフトウェアとともに野心的になってしまい、ベンダーキングアンチパターンを導く。このアンチパターンは、アーキテクチャが全体的にベンダー製品を中心に構築され、組織がツールに病的に結合されてしまうというアンチパターンだ。ベンダーソフトウェアを導入する企業は、プラグインを介してパッケージを補強し、中核機能を自分たちのビジネスにあわせるべく具体化しようと計画する。しかし、十分に時間をかけても、開発者は必要なものを完全に実装するのに十分なカスタマイズをERPツールに対して行えず、ツールの限界や彼らがツールを中心としたアーキテクチャ領域を中心に置いてしまったという事実による無力さを理解する。言い換えると、アーキテクトはベンダーを、将来の決定を命令するアーキテクチャの王様にしてしまったということだ。

このアンチパターンから逃れるには、たとえ当初は広い責任範囲を持つソフトウェアだとしても、全てのソフトウェアをありふれた統合点として扱う必要がある。最初に統合を前提とすることで、たとえ王を退位させてでも、開発者は役に立たない動作を容易に他の統合点に置き換えられるようになる。

外部ツールやフレームワークをアーキテクチャの中心に据えてしまうと、開発者は技術的観点とビジネスプロセス的観点の両方から、2つの重要な方法で進化する能力を厳しく制限してしまうことになる。開発者はベンダーを選定することによって、永続性やサポートされるインフラストラクチャをはじめとする多くの制約に関する技術的制約を受けることになる。そして、ビジネスの観点からは、巨大にカプセル化されたツールは、最終的に「7.1.3　アンチパターン：ラスト10%の罠」に悩まされることになる。ビジネスプロセスの視点から見ると、そうしたツールは最適なワークフローを断じてサポートできない。これは「ラスト10%の罠」の副作用だ。ほとんどの企業は、フレームワークの元で精を出し終えると、ツールをカスタマイズしようとするのではなく、プロセスを変更する。そうした企業が増えるほど、企業間の差別化要因は少なくなる。差別化要因が競争優位性でない限り、それは問題にはならない（が、多くの場合はそれが問題となるだろう）。

「Let's Stop Working and Call It A Success（作業するのをやめて、それを成功と呼ぼう）」原則は、現実世界でERPパッケージを扱う開発者がよく出くわすものの1つだ。彼らは時間とお金の両方に膨大な投資を必要とするため、企業は彼らが働かないときにそれを渋る。何百万ドルも無駄にしていることを認めたいCTOはいないし、ツールベンダーも長年にわたる悪い実装を認めたくはない。したがって、両方の思惑

から、作業することをやめ、それを成功と呼ぶことに同意する。けれども、約束されたはずの多くの機能は未実装となる。

 アーキテクチャをベンダーキングと結合しないこと。

ベンダーキングアンチパターンの犠牲者にならないよう、ベンダー製品を単なる統合点として扱おう。開発者は、統合点の間に腐敗防止層を設けることで、ベンダーツールの変更がそのアーキテクチャに影響を与えるのを防ぐことができる。

7.1.2 落とし穴：抽象化の欠如

自明でない抽象化は全て、程度の差こそあれ、漏れがある。

——Joel Spolsky

現代のソフトウェアは抽象化の塔の上に暮らしている。抽象化の塔とは、オペレーティングシステム、フレームワーク、依存関係、その他の多くの部品などのことだ。我々は開発者として抽象を作り上げる。そのため、最も低いレベルで考える必要は永久にない。もし開発者が、ハードドライブから来るバイナリディジットをいちいちプログラムのテキストへと変換しなければならないとしたら、何一つ事を成し遂げられはしないだろう。現代のソフトウェアにおける勝利の鍵の1つは、どれくらいうまく効果的な抽象を作れるかどうかだ。

しかし、抽象化はコストにもなる。抽象でないものこそが完全だからだ。もし、それが存在し、抽象でないのなら、それは本物だろう。Joel Spolskyは「自明でない抽象化は全て、程度の差こそあれ、漏れがある」と言っている。これは開発者にとって問題となる。なぜなら、我々は抽象化が常に正確だと信用しているからだ。しかし、それらはしばしば驚くべき方法で壊れる。

技術スタックの複雑さが増したため、最近になって抽象化が妨げられる問題は悪化してきている。図7-1に2005年ころの典型的な技術スタックを示す。

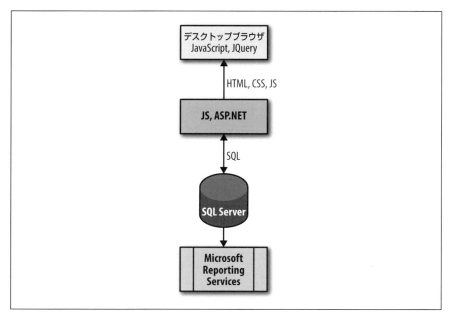

図7-1　2005年の典型的な技術スタック

図7-1は2005年ころの典型的なソフトウェアスタックを示している。箱にかかれているベンダーの名称は局地的条件に依存して変わる。時間が経ち、ソフトウェアがどんどんと特殊化していくにつれ、我々の技術スタックは、図7-2に示すような、より複雑なものになった。

図7-2に示すように、ソフトウェアエコシステムのあらゆる部分が拡大し、より複雑になっている。開発者が直面している問題がより複雑になり、その分そのための解決策も増えている。

原始抽象の浸出（Primordial abstraction ooze）とは、低レベルの抽象が壊れることで予期しない大惨事を引き起こすことを指す。これは技術スタックの複雑性が増したことによる副作用の1つだ。一番下のレベルの抽象化の1つが障害を示したらどうなるだろうか。例えば、一見無害なデータベース呼び出しから、何らかの予期しない副作用が出たとしよう。その上にはとても多くのレイヤが存在するため、障害はスタックの最上部へと向かう。そして、おそらく途中で他に転移し、UIに深く組み込まれたエラーメッセージとして現れる。技術スタックの複雑さが増すほど、デバッグと原因追及はより難しくなる。

7.1 技術アーキテクチャ | 159

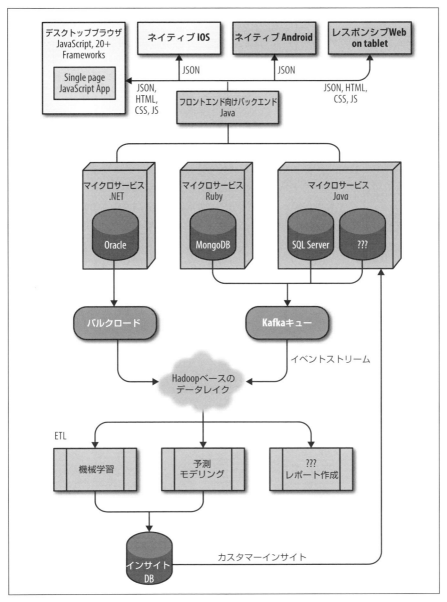

図7-2 多くの可動部品を備えた、2016年の典型的な技術スタック

常に、普段自分が作業する抽象化レイヤよりも下にあるレイヤを、少なくとも1つ、完全に理解すること。

——多くのソフトウェア英雄譚より

　低レイヤを理解することは良い助言である。しかし、ソフトウェアがより専門化され、複雑になるにつれて、それはずっと困難になる。

　技術スタックの複雑さの増加は、動的平衡問題の一例だ。エコシステムが変化するだけでなく、構成部分も時間が経つにつれより複雑になり、絡み合っていく。進化的変化を保護するための仕組みである適応度関数は、アーキテクチャの脆い統合点を保護できる。アーキテクトは重要な統合点の不変量を適応度関数として定義し、デプロイメントパイプラインの一部として実行し、抽象化が望ましくない方法で欠如しないようにする。

複雑な技術スタック内の脆い箇所を把握して、適応度関数を使いそれを自動的に保護しよう。

7.1.3　アンチパターン：ラスト10%の罠

　パッケージソフトウェアやプラットフォーム、フレームワークなどを使用する抽象化スペクトラムのもう一端に、再利用性に対する別の種類の罠が存在する。

　NealはかつてMicrosoft Accessを含む様々な4GL[†1]でクライアント向けにプロジェクトを構築するコンサルティング会社のCTOをしていた。彼は、全てのAccessプロジェクトが成功裏に始まりつつも最後には失敗したことを受けて、最終的にAccessや全ての4GL言語をビジネスから撲滅する決定を支援した。彼はその失敗がなぜ起きたかを理解したかった。彼と同僚は、当時流行っていたAccessやそれ以外の4GL言語では、クライアントが望むことの80%は迅速かつ簡単に構築できることを観察した。それらの環境は、UIをはじめとする細かい点をドラッグ＆ドロップでサポートするラピッド開発ツールとしてモデル化されていた。しかし、顧客が望む次の10%は、可能だったが、かなり難しかった。実現したい機能が、ツール

---

†1　訳注：第四世代言語（4th generation language）の略。https://ja.wikipedia.org/wiki/4GL

やフレームワーク、言語に組み込まれていなかったからだ。聡明な開発者は、期待された メモリ領域で実行されるスクリプトを追加したり、メソッドを連結したりといった、様々なやり方でツールを改造して、それらを実現する方法を考えだした。改造は、望むことの実現を 80% から 90% にあげたが、結局のところ、ツールは問題を完全には解決できず、全てのプロジェクトは失望に終わった。我々はこれを**ラスト 10%の罠**と名付けた。4GL 言語は簡単なものを素早く作成することはたやすかったが、現実世界の要求全てを満たすほどにはスケールしなかった。そして開発者は汎用言語へと戻っていった。

IBM のサンフランシスコプロジェクト

1990 年代後半に、IBM はビジネスソフトウェアの最後のピースを書くという意欲的な計画に着手した。開発チームは再利用可能なビジネスコンポーネント集合の設計に取り掛かった。コンポーネントは当時の Java Enterprise 風に書かれ、元帳や在庫、販売といった広範囲なカテゴリにわたる全てのビジネス機能をカプセル化するものだった。一時、IBM はこのプロジェクトが地球上で最大の Java プロジェクトを構成していると主張した[†2]。プロジェクトは最初にいくつかのコアモジュールを提供し、開発者はフレームワークの使用を開始した。しかし、それは絶滅を招いた。多くの機能は余分だったし、多くの重要な機能は欠けていた。

このサンフランシスコプロジェクトは、全てを分類したいという衝動に従わせようとするアーキテクトや開発者の究極の傲慢さを示している。散らかった現実世界のいくつかのものは、全てのビジネスプロセスを含む整った解決策に反抗する。

彼らは冷静な事実に徐々に気が付いていき、サンフランシスコプロジェクトは最終的に失敗に終わった。彼らが気付いた事実とは、開発者がどんなにがんばったとしても、**無限後退**問題（真となる他の命題に無限に依存し続ける一連の命題）の一部である十分に粒度の細かい特性全ては決して抽出できないということだ。ソフトウェアの世界では、無限後退は究極的な詳細レベルで何かを

---

†2　http://www.drdobbs.com/ibms-san-francisco-project/184415597

特定しようとすると現れる。既存の詳細の下には、常に別の細かいレイヤが存在している。

7.1.4 アンチパターン：コード再利用の乱用

　我々の業界は、オープンソースのものやフリーに利用可能なものなど、別の誰かが作った再利用可能なフレームワークやライブラリから大きな利益を得てきた。コードを再利用できる能力は、明らかに優れたものだ。しかし、全てのよい考えと同様に、多くの企業はこの考え方を乱用して、問題を作り出す。どの企業もソフトウェアを電子部品のようなモジュール式組み立て部品のように見ているため、コードの再利用を望む。しかし、真にモジュール式のソフトウェアが存在するという期待をよそに、それは一貫して我々の手をすり抜け続けている。

> ソフトウェアの再利用は、レゴブロックを組み合わせる作業よりも臓器移植の方に似ている。
>
> ——John D. Cook

　言語設計者は開発者に長い間レゴブロックの実現を約束してきたが、我々にはそれはまだ臓器のように見える。ソフトウェアの再利用は難しく、自動的には行われない。多くの楽観的なマネージャーは、開発者が書くコードはそもそも再利用可能なものだと思い込んでいる。しかし、必ずしもそうではない。多くの企業が真に再利用可能なコードを書こうと試み、成功してきた。しかし、それは意図的にそうしたのであり、困難を伴うものだ。開発者は再利用可能なモジュールを構築する試みに多くの時間を使ってきたが、実践的な再利用を行えることは滅多にない。

　サービス指向アーキテクチャでは、可能な限り多くの共通点を見つけ再利用することが普通の作業だった。例えば、会社がCheckoutとShippingという2つのコンテキストを持っていたとする。SOAでは、アーキテクトはCustomerの概念が両方のコンテキストに含まれていることを観察する。そうして、両方のCustomerを単一のCustomerサービスに統合し、共有サービスをCheckoutとShipping両方に結合する。アーキテクトはSOAにおける最終的な**正準化**の目標に向けて努力し、全ての概念は単一の（共有された）住まいを持つ。

皮肉なことに、開発者がコードをがんばって再利用しようとすればするほど、そのコードを使うことは難しくなる。コードを再利用可能にするには、様々な用途に対応するための追加オプションと判定ポイントを追加する必要がある。より多くの開発者が再利用可能なフックを追加すればするほど、コードの基本的な**使いやすさ**は損なわれることになる。

再利用可能であればあるほど、コードは使いづらいものになる。

　つまり、コードの使いやすさは、しばしばそのコードがどのように再利用可能かに反比例する。開発者が再利用可能なコードを作成する場合、開発者は最終的にコードを使用する無数の方法に対応するための機能を追加する必要がある。その将来の保証全ては、開発者がコードを単一の目的のために使用することをより難しくする。

　マイクロサービスはコードの再利用を避け、**結合より重複を選ぶ**という考え方を採用する。再利用は結合を意味する。そして、マイクロサービスアーキテクチャは極度に分離される。しかし、マイクロサービスの目標は重複を促すことではない。マイクロサービスの目標は、ドメイン間のエンティティを分離することにある。共通クラスを共有するサービスは、もはや独立していない。マイクロサービスアーキテクチャでは、Checkout と Shipping は互いにそれぞれの Customer の内部表現を持つ。顧客に関する情報を協調させる必要がある場合には、サービスは互いに関連する情報をやり取りしあう。アーキテクトは異なるバージョンの Customer をアーキテクチャ内で一致させたり統一したりしようとはしない。再利用の利益は錯覚であり、再利用による結合はその不利益を導入する。したがって、アーキテクトは重複の欠点を理解しつつも、より多く結合することによるアーキテクチャ上のダメージをより局所的に抑える。

　コードの再利用は資産になるだけでなく、潜在的な負債も生む。コード内に導入された結合点がアーキテクチャの他の目標と衝突していないことを確認しよう。例えば、マイクロサービスアーキテクチャでは、一般にサービステンプレート（「6.5.5 ケーススタディ：サービステンプレート」参照）を使ってサービスの一部を互いに統合する。そうして、監視やロギングのような特定のアーキテクチャ上の関心事を統一する。

7.1.5 ケーススタディ：PenultimateWidgets における再利用

PenultimateWidgets は、データ入力に関して非常に特殊な要件を持っている。それは、管理機能用に特殊なグリッドでデータ入力を行うというものだ。アプリケーションが複数の場所でこのビューを必要としたため、PenultimateWidgets は、UI やバリデーションをはじめとする有効なデフォルト動作を備えた再利用可能なコンポーネントを構築することに決めた。このコンポーネントを使用することで、開発者は新規のリッチな管理インターフェイスを容易に構築できる。

しかし、トレードオフに悩むことなくアーキテクチャ上の決定を行うことは実質的にはありえない。時間の経過とともに、コンポーネントチームは組織内でサイロになっていき、PenultimateWidgets の優秀な開発者の何名かを縛り付けるようになった。コンポーネントチームはバグ修正や機能要求に悩まされていたけれども、コンポーネントを使用しているチームは新しい機能を要求しなくてはならなかった。さらに悪いことに、根底にあるコードは最新の Web 標準に追いついておらず、新しい機能の追加を難しく、あるいは不可能なものにしていた。

PenultimateWidgets のアーキテクトは再利用を達成したものの、最終的にはボトルネックの影響を受けた。再利用の利点には、開発者が新しいものを素早く構築できることがある。しかし、コンポーネントチームが動的平衡のイノベーションペースに追いつくことができない限り、技術アーキテクチャコンポーネントの再利用は最終的にアンチパターン化することが運命づけられる。

我々は再利用可能な資産をチームが構築するのを避けるよう提案しているわけではない。そうではなく、依然として価値を届けられていることを保証するために、継続的にそれらを評価していくことを提案しているのだ。PenultimateWidgets のケースでは、コンポーネントがボトルネックであることに気が付くと、アーキテクトは統合点を破壊した。（アプリケーション開発チームが変更をサポートする限りは）どのチームにも独自の新しい機能を追加するためにコンポーネントコードを分岐することが許可され、そして新しい方法を使いたくて身を引きたいどのチームも古いコードから完全に解放された。

PenultimateWidgets の経験からは、以下の 2 つのアドバイスが得られる。

結合点が進化やその他の重要なアーキテクチャ特性を妨げる場合には、分岐や複製によって結合を壊すこと。

PenultimateWidgets のケースでは、チームが共有コードの所有権を持つことによって結合を壊した。負担は増えるものの、新しい機能を届ける彼らの能力の足を引っ張ってきたものから彼らを解放した。他のケースでは、おそらくより大きな部分から何らかの共有コードを取り除くことによって、より選択的な結合と段階的な疎結合化が可能になるだろう。

アーキテクトは、アーキテクチャの「〜性」の適応度を継続的に評価し、アーキテクチャがまだ価値を持ち、アンチパターンに陥っていないことを保証しなくてはならない。

アーキテクトは何度もその時点で正しい判断だとする判断を行うものの、動的平衡のような条件の変化によって、その判断は時間経過とともに悪い判断になってしまう。例えば、アーキテクトがシステムをデスクトップアプリケーションとして設計したとする。しかし、ユーザーの趣向が変化するにつれて業界は Web アプリケーションの方へアプリケーションを追いやる。当初の決定が誤りだったわけではないものの、エコシステムが予期しない方法で変わったというわけだ。

7.1.6　落とし穴：レジュメ駆動開発

アーキテクトはソフトウェア開発エコシステムの新しい展開に夢中になるし、最新のおもちゃで遊びたいとも思うものだ。しかし、効果的なアーキテクチャを選ぶには、問題領域を間近で見て、最も望ましい能力を最小のダメージに抑えつつ提供する最適なアーキテクチャを選択しなければならない。当然ながら、アーキテクチャはレジュメに載せることを目的に選択すべきではない。それは我々が**レジュメ駆動開発**と呼ぶ落とし穴だ。しかし、利用したフレームワークとライブラリ全てをレジュメ上に経験として載せて売り込むことは可能だ。

アーキテクチャを目的としてアーキテクチャを構築しないこと。問題を解決しようとしているのだから。

あべこべにアーキテクチャを選択してしまう前に、常に問題領域を理解しよう。

7.2　漸進的な変更

　ソフトウェア開発の多くの要素が漸進的な変更を難しくしている。何十年もの間、ソフトウェアはアジャイルさを目的には書かれてこなかった。むしろ、コスト削減や共有リソースをはじめとする外部制約を満たすことを目的に書かれてきた。その結果、多くの組織では進化的アーキテクチャをサポートするための構成要素を所有していない。

　しかし、『継続的デリバリー』[4] で説明されているように、今では多くの開発プラクティスが進化的アーキテクチャをサポートしている。

7.2.1　アンチパターン：不適切なガバナンス

　ソフトウェアアーキテクチャは決して孤立して存在するものではなく、設計された環境が反映されることが多い。10 年前、オペレーティングシステムは高価な商用製品だった。同様に、データベースサーバー、アプリケーションサーバー、アプリケーションをホストするインフラストラクチャ全体も商用製品で、かつ高価だった。アーキテクトはそうした現実世界の圧力に対応して、リソースの共有を最大化するアーキテクチャを設計した。SOA などのアーキテクチャパターンの多くは、そうした時代に繁栄したものだ。一般的なガバナンスモデルは、そうした環境でコストを節約しつつ共有リソースを最大限に活用するものとして進化した。アプリケーションサーバーのようなツールの商業的モチベーションの多くは、こうした傾向から成長したものだ。しかし、複数のリソースをマシンに詰めることは、不注意な結合を生じさせるために、開発の観点からは望ましくない。共有リソース間の分離がどれほどうまく行えていたとしても、最終的にはリソースの競合が起きる。

　過去 10 年間に、開発エコシステムの動的平衡には変化が生じた。今や、開発者は（マイクロサービスのような）コンポーネントが高度に分離されたアーキテクチャを構築し、共有環境によって悪化する偶発的な結合を排除している。しかし、多くの企

業は依然として古いガバナンスのルールをまだ遵守している。共有リソースと均質化された環境を評価するガバナンスモデルは、DevOps運動のような最近の改善によって、理にかなわなくなってきている。

いまや全ての企業はソフトウェア企業だ。

——Forbes Magazine、2011年11月30日

Forbesの有名な言葉が意味しているのは、もし航空会社のiPadアプリケーションがひどい場合には、最終的に同社の収益に影響を与えるということだ。ソフトウェアの能力はいかなる最先端の企業にとっても必要不可欠であり、競争力を維持したい企業にとってはますます重要なものとなっている。その能力の一部には、環境などの開発資産をどのように管理するかが含まれる。

開発者が（金銭的な意味あるいは時間的な意味でも）コストのかからない仮想マシンやコンテナのようなリソースを作成できるときには、単一の解決策に価値を置くガバナンスモデルは**不適切なガバナンス**となる。より良い方法は、多くのマイクロサービス環境に現れる。マイクロサービスアーキテクチャに見られる1つのよくある特性は、多言語環境の採用にある。そうした環境では、各サービスチームは企業標準で均一化するのではなく、サービスを実装するのに適した技術スタックを採用できる。伝統的なエンタープライズアーキテクトは、従来のアプローチとは正反対のそうしたアドバイスを聞くと、後ずさりする。しかし、ほとんどのマイクロサービスプロジェクトの目標は、異なる技術を無駄に採用することにあるのではなく、問題の大きさに適したサイズの技術を選択することにある。

現代の環境において、単一の技術スタックに均質化することは不適切なガバナンスだ。これは不用意な行き過ぎた複雑な結合をもたらし、ガバナンスの判断が解決策を実装するためにかかる労力を無駄に膨らませることになる。例えば、単一ベンダーのリレーショナルデータベースで標準化することは、大企業ではよくあるプラクティスだ。それは、プロジェクトをまたいだ均質性、スタッフの交換可能性などといった明らかな理由から行われる。しかし、その方法による副作用として、ほとんどのプロジェクトは過剰性能に苦しめられることになる。開発者がモノリスアーキテクチャを構築しているなら、ガバナンスの選択は全てのプロジェクトに影響する。したがって、データベースを選ぶ際には、アーキテクトは全てのプロジェクトの要件を検討し、最も複雑なケースでも機能するものを選択する必要がある。しかし、残念なが

ら、多くのプロジェクトでは最も複雑なケースやそれに近いことも起こらない。小さなプロジェクトでは単純な永続化の必要性があるだけだ。しかし、技術スタックの一貫性のために、工業用の強力なデータベースサーバーの完全な複雑さを克服しなくてはならなくなる。

　マイクロサービスでは、どのサービスも技術アーキテクチャやデータアーキテクチャを介して結合されていない。そのため、それぞれのチームが彼らのサービスを実装するために必要な複雑さと洗練さを適切に選択できる。究極の目標は、サービススタックの複合体と技術アーキテクチャを一致させるために、単純化することだ。チームが運用面を含めて完全にサービスを所有している際には、この分割方法は最も効果的だ。

強制的な分離

　マイクロサービスアーキテクチャスタイルの目標の1つは、技術アーキテクチャの究極的な疎結合化だ。それによって、サービスをまったくの副作用なしに置き換えることができる。しかし、開発者全員が同じコードベース、もしくはプラットフォームを共有している場合、結合しないためには開発者側に一定の規律が求められる（既存のコードを再利用する誘惑が強いため）。また、誤って結合が行われないようにするための保護手段も必要となる。異なる技術スタックでサービスを構築することは、技術アーキテクチャの分離を実現する1つのやり方だ。従業員をプロジェクト間で移動する能力が阻害される恐れから、多くの企業はこのアプローチを避けようとする。しかし、Wunderlist[3] のアーキテクトである Chad Fowler[4] は、正反対のアプローチをとった。予期しない結合を避けるため、彼はチームがそれぞれ異なる技術スタックを使うことを主張した。偶発的な結合の方が開発者の交換容易性よりも大きな問題だというのが、彼の哲学だ。

　多くの企業が、内部利用のために、個別の機能を Platform as a Service[5] にカプセル化し、明確に定義されたインターフェイスの後ろに技術の選択（つ

---

†3　https://www.wunderlist.com/
†4　http://chadfowler.com/
†5　https://ja.wikipedia.org/wiki/Platform_as_a_Service

まり結合する機会）を隠している。

大規模組織の実践的なガバナンスの観点から、我々はゴルディロックスガバナンス
（Goldilocks Governance）モデル[†6]がうまくいくことを発見した。このモデルでは、
標準化のために、単純、中間、複雑という 3 つの技術スタックを選定し、個々のサー
ビス要件によってスタック要件が導かれるようにする。これによって、チームは適切
な技術スタックを柔軟に選択しながら、企業に標準化の利点も提供することができる
というわけだ。

7.2.2　ケーススタディ：PenultimateWidgets における ゴルディロックスガバナンス

何年もの間、PenultimateWidgets のアーキテクトは全ての開発を Java と Oracle
に標準化しようとしてきた。しかし、より細分化されたサービスを作るにつれて、彼
らはこのスタックは小規模なサービスに大きな複雑さを課すということに気が付い
た。けれど彼らは依然としてプロジェクト間での知識とスキルの移植性を望んでいた
ため、マイクロサービスの「全てのプロジェクトが独自に技術スタックを選択する」
というアプローチを完全には受け入れたくなかった。しかし、最終的に彼らはゴル
ディロックスガバナンスの方法をとり、以下の 3 つの技術スタックを選択した。

小

スケーラビリティやパフォーマンスの要件が厳しくないとても単純なプロジェク
トには、Ruby on Rails と MySQL を選んだ。

中

中規模のプロジェクトには、Go 言語と、データ要件に応じて Cassandra か
MongoDB、MySQL のいずれかの 1 つを、バックエンドとして選んだ。

大

大規模なプロジェクトには、可変アーキテクチャの問題にうまく対応するため、
引き続き Java と Oracle を選んだ。

[†6]　訳注：イギリスの童話『ゴルディロックスと 3 匹のくま』にちなんでいる。

7.2.3　落とし穴：リリース速度の欠如

　継続的デリバリーの開発プラクティスは、ソフトウェアのリリースを遅くする要因に対処している。それらの開発プラクティスは、進化的アーキテクチャを成功させるための公理的なものだと考えるべきだ。継続的デリバリーや継続的デプロイメントの中の極端な意見については、進化的アーキテクチャを成功させるために必須なわけではない。しかし、ソフトウェアをリリースする能力とソフトウェアの設計を進化させる能力の間には強い相関が存在する。

　企業が継続的デプロイメントを中心にエンジニアリング文化を構築するなら、全ての変更がデプロイメントパイプラインによって配置された難所を通過した場合に限り本番環境へ進むことが当たり前となり、開発者は絶えず変更していくことに慣れる。一方で、もしリリースが多くの専門的な作業を必要とする形式的なプロセスなのであれば、進化的アーキテクチャを活用できる可能性は低くなる。

　継続的デリバリーはデータ駆動の成果を追い求め、プロジェクトを最適化する方法を学ぶためにメトリクスを採用する。開発者はメトリクスをより良くする方法を理解するために、物事を計測できなくてはならない。継続的デリバリーが追跡する主要なメトリクスの1つに**サイクルタイム**がある。サイクルタイムとは、**リードタイム**に関連するメトリクスだ。リードタイムとは、アイデアの始動からそのアイデアがソフトウェアの中に現れるまでの時間のことだ。しかし、リードタイムには見積や優先順位付けといった主観的な活動が多く含まれるため、エンジニアリングに関するメトリクスは貧弱になる。そこで、継続的デリバリーでは代わりに、**サイクルタイム**を追跡する。サイクルタイムとは、作業の単位あたりの開始から終了にかかる経過時間を指す。作業の単位は、この場合はソフトウェア開発となる。サイクルタイムの計測では、開発者が新しい機能に対する作業を始めると計測を開始し、その機能が本番環境で実行されると計測を終了する。サイクルタイムの目標は、エンジニアリング効率を測定することであり、サイクルタイムを短縮することは、継続的デリバリーの重要な目標の1つとなる。

　進化的アーキテクチャにおいても、サイクルタイムは重要だ。生物学では、部分的な遺伝特性を説明するための実験にミバエ（実蠅）がよく使われる。ミバエはライフサイクルが短く、新しい世代がすぐに現れるので、遺伝特性の顕著な結果を確認しやすいからだ。進化的アーキテクチャにおいても同様のことが言える。サイクルタイムが速いということは、アーキテクチャがより速く進化できることを意味する。した

がって、プロジェクトのサイクルタイムは、アーキテクチャの進化速度を決定する。言い換えると、進化速度はサイクルタイムに比例するということだ。これは次の式によって表される。

$$v \propto c$$

vは変化のベロシティ（velocity）を表し、cはサイクルタイム（cycle time）を表す。開発者はプロジェクトのサイクルタイムより速くシステムを進化させることはできない。言い換えると、チームがソフトウェアをより速くリリースできれば、チームはシステムの一部をより速く進化させることができるということだ。

サイクルタイムは、したがって進化的アーキテクチャの重要なメトリクスだ。サイクルタイムが速ければ速いほど、進化速度が速いことを意味する。実際、サイクルタイムはプロセスベースのアトミックな適応度関数の優れた候補となる。例えば、開発者は自動化されたデプロイメントパイプラインを使ってプロジェクトをセットアップし、3時間のサイクルタイムを達成する。時間が経ち、開発者が検証や統合点をデプロイメントパイプラインにより増やすにしたがって、サイクルタイムが徐々に増えていく。市場投入時間はこのプロジェクトにとって重要なメトリクスなため、チームはサイクルタイムが4時間を超えると警告を出す適応度関数を確立する。適応度関数がしきい値に達すると、開発者はデプロイメントパイプラインの仕組みを再構築したり、4時間のサイクルタイムが許容できるかどうかを判断したりする。適応度関数は、プロジェクトメトリクスを含め、プロジェクトを監視したい開発者のあらゆる行動に対応付けられる。プロジェクトの関心事を適応度関数として統一することで、開発者は、最終責任時点として知られる将来の判断点を設けることができる。先ほどの例では、開発者はその時点で3時間のサイクルタイムと彼らが作成したテストの集合のどちらがより重要かを判断する必要がある。ほとんどのプロジェクトでは、開発者は徐々に上昇するサイクルタイムに気付くことはない。したがって、競合する目標に優先順位をつけることもないため、こうした決定を暗黙的に行っている。適応度関数を使用すると、将来の判断点を中心にしきい値を設定できる。

進化の速度はサイクルタイムの関数だ。サイクルタイムを速めることで、進化を速めることができる。

進化的アーキテクチャを成功させるには、優れたエンジニアリングやデプロイメント、リリースの実践が不可欠だ。それによって、仮説駆動開発を用いてビジネスの新しい能力を実現することができる。

7.3 ビジネス上の関心事

最後に、ビジネス上の関心事からくる不適切な結合について説明する。ほとんどの場合、ビジネス担当者は、開発者にとって難しいことをしようとする悪人ではない。むしろ、アーキテクチャの観点から不意に未来の選択肢を制約するような、不適切な判断に至らせる優先順位を持っているだけのことがほとんどだ。ここでは、一握りのビジネス上の落とし穴やアンチパターンについて紹介する。

7.3.1 落とし穴：製品のカスタマイズ

営業は販売のための選択肢を望んでいる。実際にその機能が製品に含まれるかどうかが決まる前に、要求された機能を何でも売ってしまうという営業の風刺漫画があるくらいだ。すなわち、営業は製品を売りたいがために、無限にカスタマイズ可能なソフトウェアを欲しがる。しかし、そのカスタマイズ可能性は、実装技術が要する相応のコストと引き換えだ。

顧客ごとの個別ビルド
  このシナリオでは、営業は厳しい時間スケールの上で機能の固有バージョンを約束する。それは開発者にバージョンを追跡するためにバージョン管理システムのブランチやタグなどを駆使することを強制する。

永続的な機能トグル
  3章で紹介した機能トグルは、しばしば永続的なカスタマイズを作成するために戦略的に使われることがある。開発者は機能トグルを使って、顧客ごとに異なるバージョンを構築したり、製品の「フリーミアム」バージョン（料金を払うことでプレミアム機能を解除できる無料バージョン）を作成したりする。

製品駆動カスタマイズ

製品の一部は、UIを介したカスタマイズを追加する方へ進む。この場合の機能は、アプリケーションの永続的な部分であり、他の全ての製品機能と同様の注意が必要となる。

機能トグルとカスタマイズは共に、製品に実行できる経路の組み合わせを多く含めることになるため、テストの負荷を大幅に増加させる。テストシナリオに加えて、実行できる組み合わせを保護するために開発する必要のある適応度関数の数も増加する可能性がある。

カスタマイズは進化可能性の妨げともなるが、それ自体は企業がカスタマイズ可能なソフトウェアを構築することを妨げるものではない。ただ、それは関連するコストを現実的に評価しなくてはならないということを示している。

7.3.2　アンチパターン：レポート機能

ほとんどのアプリケーションは、ユーザーそれぞれの業務に依存して異なった使われ方をする。例えば、受注情報を必要とするユーザーもいれば、分析用のレポートを必要とするユーザーもいることだろう。組織はビジネスで必要となる可能性のある全ての視点（受注の月次報告など）を提供することに奮闘している。特に苦労するのが、全てが同じモノリシックアーキテクチャやデータベース構造によってもたらされる場合だ。サービス指向アーキテクチャの時代、アーキテクトは全てのビジネス的な関心事を同じ「再利用可能な」サービスの集合を介してサポートする試みに苦労していた。そして、サービスがより汎用的になるほど、それを利用するためにカスタマイズする必要があることを発見した。

レポート機能は、モノリシックアーキテクチャにおける不用意な結合の良い例だ。アーキテクトとDBAは、記録のシステムとレポートのシステムで同じデータベーススキーマを使いたいと考える。しかし、両方をサポートする設計はどちらにも最適化されないため、問題が生じることになる。開発者とレポート設計者が一緒になってレイヤ化アーキテクチャに作ってしまう、よくあるこの種の落とし穴は、関心事が互いに反目しあっていることを示している。アーキテクトは不用意な結合を減らすためにレイヤ化アーキテクチャを構築し、関心事をレイヤに分離する。しかし、レポートはその機能をサポートするためにレイヤの分割を必要としない。ただデータが必要なだ

けだ。さらに、レイヤを介したルーティング要求は待ち時間も増加させる。したがっ
て、優れたレイヤ化アーキテクチャを持っているにも関わらず、多くの企業はレポー
ト設計者にレポートを直接データベーススキーマに結合することを許してしまい、レ
ポートを壊すことなしにスキーマを変更できる能力を破棄してしまう。これはビジネ
ス目標がアーキテクトの仕事を妨げ、進化的な変更をとても難しくしてしまう良い例
だ。システムが進化するのを難しくしたいと望むものは誰もいないものの、判断の影
響が積み重なることによって進化は難しくなってしまう。

　多くのマイクロサービスアーキテクチャは、動作の分離によってこのレポート問題
を解決する。サービスの隔離は分離には役立つが、統合には役立たない。アーキテク
トは一般に、「記録のシステム（*System of Record*：SoR）」領域のデータベースとし
てサービスのアーキテクチャ量子内にそれぞれ埋め込まれ配置される、イベントスト
リーミングやメッセージキューを使い、トランザクション動作ではなく結果整合性を
もって、これらのアーキテクチャを構築する。一連のレポートサービスは、イベント
ストリームをリッスンし、レポート用に最適化された非正規化レポートデータベース
を作成する。結果整合性を使うことで、アーキテクトは調整から解放される。これは
アーキテクチャの観点での結合の一形態であり、アプリケーションの様々な用途に対
して異なる抽象化を可能にする。

　例えば、PenultimateWidgets のマイクロサービスアーキテクチャでは、アーキテ
クトは境界づけられたコンテキストに分割されたドメインを持ち、それぞれがドメイ
ンの「記録のシステム」用データを持つ。PenultimateWidgets の開発者は結果整合
性とメッセージキューを使いデータの追加や通信を行い、ドメインサービスとは別の
一連のレポートサービスを提供する。図7-3 にその内容を示す。

　図7-3 に示すように、UI が CRUD 操作を行うとき、マイクロサービスとレポート
サービスの両ドメインが通知を受け取り、適切な行動を取る。したがって、レポート
サービスは、ドメインサービスに影響を与えることなしにレポートに関する処理を行
う。ドメインを合成することで生じる不適切な結合を削除することは、各チームがよ
り具体的で単純なタスクに集中することを可能にする。

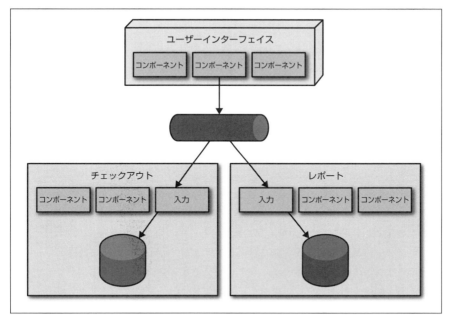

図7-3 PenultimateWidgets の分離されたドメインとレポートサービスはメッセージキューを介して調整する

7.3.3　落とし穴：計画範囲

　予算編成や計画プロセスはしばしば、仮説の必要性とそうした仮説の基礎としての早期の判断を推進する。しかし、見直す機会のない計画範囲が長くなればなるほど、多くの判断（あるいは仮説）が最小限の情報の中で行われることになる。計画の初期段階では、開発者は仮説を検証するために研究のような活動に時間を費やす。多くの場合、これは閲読などの形をとる。彼らの研究に基づいて、その時点での「ベストプラクティス」あるいは「最高級」が、何らかのコードを書いたりエンドユーザーにソフトウェアをリリースしたりするのに先立つ基礎的な仮説の一部を形作る。仮説に労力を費やせば費やすほど、たとえ6か月でそれが誤りだったと判明したとしても、それは仮説に対する強い執着を生み出す。埋没費用効果（コンコルド効果）[†7] とは、

[†7]　https://ja.wikipedia.org/wiki/コンコルド効果

感情にまかせた投資に判断が影響されることを示している。簡単に言うと、時間や労力を何かに費やせば費やすほど、それを放棄するのが難しくなるということだ。ソフトウェアでは、これは**不合理な成果物の付属**の形としてよく見られる。契約や文書に対して投資した時間や労力が多いほど、それが不正確や無効のものであるかどうかにかかわらず、計画や文書に含まれる内容が保護される可能性が高くなる。

手作業による成果物に執着して不合理になってはならない。

アーキテクトを不可逆的な判断へと導く長期の計画サイクルに用心し、選択肢を開いたままにする方法を見つけよう。大きな問題を小さな問題に分解し、アーキテクチャ上の選択と開発インフラストラクチャ両方の実現可能性を早期にテストしよう。アーキテクトは、その技術が実際に解決しようとしている問題に実際に適しているかどうかをエンドユーザーからのフィードバックを通じて検証する前に、ソフトウェア構築前の大幅な先行投資（大規模なライセンスやサポート契約など）を必要とする技術には従ってはならない。

8章
進化的アーキテクチャの実践

　最後に、進化的アーキテクチャを中心とした考えを実践するために必要なステップを見ていく。これには、組織やチームへの影響を含む、技術的及びビジネス上の関心事が含まれる。また、どこから始めるべきかや、どうやってビジネス側にこうした考えを受け入れてもらうか、といったことについても示す。

8.1　組織的要因

　ソフトウェアアーキテクチャの影響は驚くほど広範囲であり、チームへの影響や予算編成といった、通常はソフトウェアには関連しない様々な要因へと及ぶ。

　技術的能力ではなくドメインを中心に編成されたチームは、進化的なアーキテクチャに関してはいくつかの利点を持つ。そして、そうしたチームは、いくつかの共通の特徴を示す。

8.1.1　機能横断型チーム

　ドメイン中心チームは、**機能横断型チーム**となる傾向がある。つまり、プロジェクトにおける全ての役割がチームの誰かによってカバーされる。ドメイン中心チームの目標は、運用上の摩擦を排除することだ。言い換えると、チームは、運用のような従来は分割されていた役割を含む、サービスの設計、実装、デプロイに必要な全ての役割を持つということだ。さらに、この新しい構造に順応するため、これらの役割は以下のような形へと変わる必要がある。

　ビジネスアナリスト

　　そのサービスの目標と他のサービスの目標を、他のサービスチームを含めて調整

する。

アーキテクト

漸進的な変更を困難にする不適切な結合を排除するアーキテクチャを設計する。マイクロサービスのような派手なアーキテクチャを必要としないことに注意すること。うまく設計されたモジューラ式のモノリシックアプリケーションは、漸進的な変更に対応する同様の能力を示す可能性がある（アーキテクトはこのレベルの変更をサポートするようにアプリケーションを設計しないといけないけれども）。

テスト担当者

テスターはドメインをまたいだ統合テストの難題に慣れる必要がある。統合環境の構築や契約の作成・保守など。

運用担当者

従来のIT構造を持つ多くの組織にとって、サービスを分割して個々にデプロイする（しばしば既存のサービスと並行して継続的にデプロイする）ことは難しい課題だ。認識の甘い保守的なアーキテクトは、構成要素と運用上のモジュールは同じものだと信じている。しかし、現実世界ではそうでないことがよくある。マシンプロビジョニングやデプロイメントのようなDevOpsの作業を自動化することは、うまくいくためには重要だ。

DBA

データベース管理者は新しい粒度、トランザクション、「記録のシステム（SoR）」の課題を扱う必要がある。

機能横断型チームの目標の1つは、調整の摩擦をなくすことだ。従来のサイロ化されたチームでは、開発者はしばしば変更を加えるためにDBAのご機嫌を伺い、リソースを提供するために運用の誰かのご機嫌を伺う。全ての役割を局所的にすることで、サイロ間の調整に付随する摩擦をなくすことができる。

全てのプロジェクトの全ての役割を十分な能力を持つエンジニアで賄えれば理想ではあるが、たいていの企業はそれほど恵まれていない。主要なスキル分野は、市場の需要といった外部の力によって常に制約されている。したがって、多くの企業は機能横断型チームの編成を目指すものの、リソースが原因でそれを行えない。そのような場合、制約のあるリソースはプロジェクト間で共有される可能性がある。例えば、

サービスごとに 1 人の運用エンジニアを置くのではなく、複数の異なるチームにまたがって巡回することもある。

　ドメインを中心にアーキテクチャとチームをモデリングすることで、共通の変更の単位が同じチームによって処理されるようになり、人為的な摩擦が減少する。ドメイン中心のアーキテクチャでは、関心の分離のようなその他の利点のために、依然としてレイヤ化アーキテクチャが使われていることがある。例えば、特定のマイクロサービスの実装は、レイヤ化アーキテクチャを実装するフレームワークに依存し、チームが技術レイヤを容易に交換できるようにするかもしれない。マイクロサービスは技術アーキテクチャをドメイン内にカプセル化し、従来の関係を逆転させる。

DevOps の自動化による新しいリソースの発見

　Neal はホスティングサービスを提供している会社のコンサルタントを行ったことがあった。彼らは 12 の開発チームを持ち、全てのチームは十分に定義されたモジュールを持っていた。しかし、メンテナンスやプロビジョニング、監視をはじめとする共通的な各種作業全ては、独立した運用グループによって管理されていた。マネージャーは、データベースや Web サーバーといった必要なリソースを迅速に切り替えたい開発者たちから、よく苦情を受け取っていた。一部のプレッシャーを緩和すべく、マネージャーは運用担当者を 1 週間に 1 日ずつ各プロジェクトへ割り当て始めた。運用担当者が割り当たっている日には、開発者は満足だった。リソースを待つことがなかったからだ。しかし、悲しいことにマネージャーはそれを定常的に行うのに十分なリソースを持っていなかった。

　そこで彼は考えた。運用で行われていた手作業の多くは、マシンの構成ミス、製造業者やブランドの寄せ集め、その他多くの修復可能な違反などの偶発的な複雑さだと識別した。そして、いったん全てがカタログ化されると、Puppet を使って新しいマシンのプロビジョニングを自動化するのに役立てた。この作業の後、運用チームは各プロジェクトに運用エンジニアを恒久的に埋め込むのに十分なメンバーを持てるようになり、さらに自動化されたインフラストラクチャを管理するために十分な人材も持てるようになった。

　彼らは新しいエンジニアを雇ったわけではなく、仕事の役割を大きく変えた

わけでもなかった。代わりに、現代の開発プラクティスを適用して人が定常的に対処すべきではない作業を自動化し、開発努力の中でより良いパートナーとなるよう自分たちを解放した。

8.1.2 ビジネス能力を中心とした組織化

　ドメインを中心としたチームは、暗黙のうちに、ビジネス能力を中心に組織化される。多くの組織では、技術アーキテクチャは特有の複雑な抽象概念を表現するものであること、そしてビジネスロジックとは密結合しないことが期待されている。アーキテクトが伝統的に力を入れてきたのが、典型的には機能性によって分離された、純粋な技術アーキテクチャを中心にしたものだったからだ。例えば、レイヤ化アーキテクチャは技術アーキテクチャのレイヤを容易に交換できるように設計されているが、Customerのようなドメインエンティティを容易に扱えるようにはなっていない。しかし、アーキテクトが伝統的に重視してきているもののほとんどは、外的要因によって引き起こされたものだ。例えば、過去10年間に出てきたアーキテクチャスタイルの多くは、主にコストが原因で共有リソースを最大限活用することに重点が置かれていた。

　ほとんどの組織のあらゆる場所がオープンソースを受け入れていくことで、アーキテクトは徐々に自身を商業的な制約から切り離していった。リソース共有型のアーキテクチャは、部品間の偶発的な干渉に関する固有の問題がある。今では、開発者は特注の環境や機能を作成するという選択肢を持っている。それによって、開発者は、技術アーキテクチャを重視することから離れて、ほとんどのソフトウェアプロジェクトにおける一般的な変更単位とうまく合致するドメイン中心のアーキテクチャに重点的に取り組めるようになっている。

職能ではなく、ビジネス能力を中心にチームを編成すること。

8.1.3 プロジェクトよりもプロダクト

多くの企業がチームの重点を移すために使用する1つの仕組みは、**プロジェクト**ではなく**プロダクト**を取り巻く作業をモデル化することだ。ソフトウェアプロジェクトは、ほとんどの組織で共通のワークフローを持っている。問題が特定され、開発チームが編成され、「完了する」まで問題に取り組み、運用や供給などを行いながらソフトウェアを動かし、ソフトウェアの残りの人生を保守する。その後、プロジェクトチームは次の問題に移る。

これはたくさんのよくある問題を引き起こす。まず、チームの関心が他に移っていくために、バグ修正やその他のメンテナンス作業を管理することが難しくなる。次に、コードの運用面から隔離されているため、開発者が品質などについてあまり気にしなくなる。一般的に、開発者と実行コード間の間接参照のレイヤが多いほど、開発者とコードの結びつきは弱くなる。これは、驚くべきことではないが、運用側のサイロとの間の「私たち対彼ら」というメンタリティにつながることがある。多くの組織が労働者に衝突の中にいる動機付けを与えることになるからだ。

ソフトウェアをプロダクトとして考えることは、3つの方法で会社の見方を変える。まず、プロジェクトの寿命とは異なり、プロダクトは永遠に生き続ける。機能横断型チーム（多くの場合、逆コンウェイ戦略に基づく）はプロダクトに関係づけられ続ける。第二に、各プロダクトはオーナーを持ち、そのプロダクトオーナーはエコシステムの中でプロダクトが役立つことを主張し、要件などの管理を行うことになる。第三に、チームは機能横断型になることで、プロダクトごとに必要な各役割（ビジネスアナリスト、開発者、QA、DBA、運用、その他必要な役割）が示されることになる。

プロジェクトから**プロダクト**にメンタリティを移す本当の目標は、長期的に企業が引き受けることに関係する。プロダクトチームはプロダクトの長期的な品質に所有責任を持つ。したがって、開発者は品質メトリクスの所有権を握り、欠陥に対してより注意を払うようになる。この視点は、チームに長期的なビジョンを提供することにも役立つ。

Amazonの「2枚のピザ」チーム

Amazonは、2枚のピザチームと呼ばれるチームへの取り組み方で有名だ。彼らの哲学は、2枚の大きなピザを食べられる人数以上にチームを大きくすることはできないというものだ。この分割の背後にある動機は、チームの大きさよりもコミュニケーションに関することの方が大きい。チームが大きくなるほど、各チームメンバーはより多くの人とコミュニケーションしなければならなくなる。各チームは機能横断型チームであり、「あなたがそれを構築し、あなたがそれを実行する」考え方も取り入れている。これは、各チームがサービスの完全所有権を持っていることを意味している。

　小さな機能横断型のチームを持つことは、人間性の利点も利用する。Amazonの「2枚のピザチーム」は、小さな霊長類の集団行動を模倣している。ほとんどのスポーツチームは約10名の選手を中心としているし、人類学者は言語習得前の狩猟集団もおよそこれくらいの大きさだと信じている。責任感の強いチームを構築することは、生来の社会的行動を活用し、チームメンバーの責任感をより強化する。例えば、従来のプロジェクト構造にいる開発者が2年前に書いたコードが夜中に障害を起こし、運用の誰かが夜中のうちにポケベルに応答して、それを直したとする。翌朝、不注意な開発者たちは、夜中に自分たちが書いたコードが騒動を引き起こしたことに気が付かない可能性がある。機能横断型チームでは、そうはいかない。もしある開発者が夜中に障害を起こすようなコードを書いて、同じチームの誰かがそれによる障害に応対したとする。すると、運の悪いその開発者は、翌朝に自分たちのせいで悲しく疲れた目をしたチームメンバーとテーブル越しに対峙しなくてはならなくなる。過ちを犯したその開発者は、きっとより良いチームメイトになりたいと思うはずだ。

　機能横断型チームを作ることは、サイロを超えて責任を指摘することを防ぎ、チームに責任感を生じさせることで、チームメンバーに最善の仕事を行うよう促進する。

8.1.4　外部変化の取り扱い

　我々は、進化の機会を最大化するために、技術アーキテクチャやチーム構造などの観点から高度に疎結合化されたコンポーネントを構築することを主張している。しか

し、現実世界では、コンポーネントは情報を共有するために他のコンポーネントとやり取りしなくてはならない。ドメインの問題を協力して解決する必要があるからだ。では、我々は自由に進化しながらも確実に統合点の完全性を維持できるコンポーネントをどのようにして構築できるだろうか。

進化の副作用からの保護を必要とするアーキテクチャのあらゆる次元に対して、我々は適応度関数を作成する。マイクロサービスアーキテクチャの一般的なプラクティスに、**コンシューマ駆動契約**の利用がある。コンシューマ駆動契約は、統合アーキテクチャのアトミックな適応度関数だ。図8-1に示す例を考えてみよう。

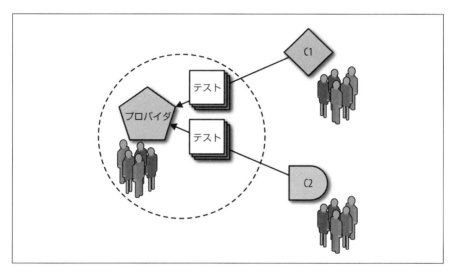

図8-1　コンシューマ駆動契約はテストを使ってプロバイダとコンシューマの間の契約を確立する

図8-1では、プロバイダチームはコンシューマC1とC2それぞれに情報（通常は軽量なフォーマットのデータ）を提供している。コンシューマ駆動契約では、情報のコンシューマは彼らが必要とするものをプロバイダからカプセル化するテストスイートを組み立てる。そして、それらのテストをプロバイダへ受け渡し、プロバイダは常にそれらのテストが保たれることを約束する。テストはコンシューマが必要とする情報を満たすので、プロバイダはこれらの適応度関数を壊さない任意の方法によって進化することができる。図8-1に示したシナリオでは、プロバイダは自身のテストスイートに加えて、彼らのコンシューマ全てに代わってテストを実行する。このような

適応度関数を使用することは、非公式にはエンジニアリングセーフティネットという名前として知られている。この作業に対処する適応度関数を構築することが容易なときには、統合プロトコルの一貫性を維持することは手動で行うべきではない。

進化的アーキテクチャの漸進的な変更の側面に含まれる暗黙的な前提の1つには、開発チームにある程度確かなエンジニアリングの成熟度が求められるということがある。例えば、コンシューマ駆動契約を使っているときに数日間そのビルドを壊してしまったならば、チームは統合点が有効であるという確証を持てなくなってしまう。適応度関数による秩序維持に開発プラクティスを用いることは、開発者から手作業による苦痛を軽減するが、成功には一定の成熟度が必要となる。

8.1.5　チームメンバー間の結びつき

多くの企業は大規模な開発チームがうまく機能しないことを逸話的に理解している。チームダイナミクスの専門として有名なJ・リチャード・ハックマンは、その理由を次のように説明している。チームがうまくいくかどうかは人数ではなく、彼らが維持しなければならないコネクションの数に従う。彼は、人々の間にどれくらい多くのコネクションが存在するかを決定するために、**式8-1**に示す式を使用する。nは人数を表している。

式8-1　人々の間にあるコネクションの数

$$\frac{n(n-1)}{2}$$

式8-1に示すように、人数が増えると、コネクション数は急速に増加する。その様子を**図8-2**に示す。

図8-2では、チームの人数が20に達すると、彼らは190のリンクを管理する必要がでてくる。そしてチームのメンバーが50人に達すると、リンクの数はなんと1225にもなる。したがって、小さなチームを作る動機は、通信リンクを減らそうとする欲求を解消することにある。そして、サイロ間の調整によって生じる人工的な摩擦を排除するために、そうして作られる小さなチームは、機能横断型でなければならない。

チーム間に統合点が存在しない限り、各チームはお互いが何をやっているかを知る必要はない。統合点が存在する場合には、統合点の完全性を保証するために適応度関数を使用する必要がある。

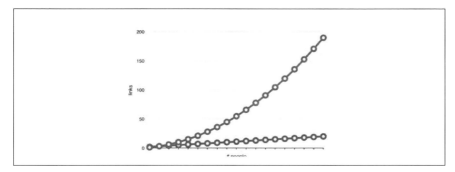

図8-2　人数が増えるにつれ、コネクション数は急速に増加する

開発チーム間のコネクション数を減らす努力をすること。

8.2　チーム結合特性

　企業が自らの構造をどう整理し管理するかは、ソフトウェアの構築方法やアーキテクチャに影響を与える。この節では、進化的アーキテクチャの構築を容易にしたり困難にしたりする様々な組織、チームの側面について見ていく。ほとんどのアーキテクトは、チーム構造がどのようにアーキテクチャの結合特性に影響を与えるかを考慮していない。しかし、それは実に大きな影響を持っている。

8.2.1　文化

　文化（名詞）：特定の人々あるいは社会の持つ考え、習慣、社会的行動。
　　　　　　　　　　　　　　　　　　　　　　　　——オックスフォード辞書

　アーキテクトは、エンジニアがシステムをどう構築するかや、組織にとって価値になる行動をエンジニアがどう見つけるかについて気に掛けなくてはならない。アーキテクトがツールを選択し設計を行うために使用する活動及び意思決定プロセスは、ソフトウェアがどれだけ進化するかに大きな影響を与える。うまく機能しているアーキテクトは、リーダーシップの役割を果たし、技術文化を作り、開発者がシステムを構

築するための方法を設計する。彼らは進化的アーキテクチャを構築するために必要な
スキルを個々のエンジニアに教え、奨励する。

次のような質問をすることで、アーキテクトはチームにあるエンジニア文化を理解
することができる。

- チームの全員が適応度関数とは何かを理解していて、新しいツールやプロダ
  クトの選択が新しい適応度関数を進化させる能力に与える影響を考慮してい
  るか？
- チームは彼らが定義した適応度関数がシステムとどれだけ合致しているかを
  計測しているか？
- エンジニアは凝集と結合を理解しているか？
- どのドメインと技術概念が一緒に属しているかについての会話があるか？
- チームは自分たちが習得したいテクノロジーに基づいてではなく、変更する
  能力に基づいて解決策を選択しているか？
- チームはビジネスの変化にどのように反応しているか？　小さな変更を取り
  入れるのに苦労しているか、あるいは小さなビジネスの変更に時間を費やし
  すぎていないか？

チームの振る舞いを調整するには、チーム周辺のプロセスを調整する必要がある。
人々はやるように言われたことに反応するからだ。

> どのような尺度で私を評価するのか教えてくれれば、どのように私が行動す
> るのか教えてあげましょう。
>
> ——エリヤフ・ゴールドラット
> 『ゴールドラット博士のコストに縛られるな！』[11]

もしチームが変化に不慣れなら、アーキテクトはそれを優先して始めるプラクティ
スを導入できる。例えば、チームが新しいライブラリやフレームワークを検討すると
きには、それがどれくらい多くの余分な結合を付け加えるか、短い実験を通して得た
明確な評価を、アーキテクトはチームに尋ねることができる。与えられたライブラリ

やフレームワークの外側でコードを書いたりテストしたりすることは容易だろうか？新しいライブラリやフレームワークは、開発のループを遅くさせるような新しいランタイム設定を必要とするだろうか？

新しいライブラリやフレームワークの選択に加えて、コードレビューは新しく変更されたコードが将来の変更をどの程度うまくサポートするかを検討するのに適した場所だ。もしシステムの別の場所が突然に他の外部統合点を使うことになり、その統合点が変更されることになると、どれくらい多くの箇所を更新する必要があるだろうか。もちろん、開発者は過剰性能や時期尚早な変更のための余分の複雑さや抽象の追加に注意する必要がある。『リファクタリング』（オーム社）[12]にはこれに関連する以下のアドバイスがある。

3度目になったらリファクタリング開始

最初は、単純に作業を行う。2度目に以前と似たようなことをしていると気づいた場合には、重複や無駄を意識しつつも、とにかく作業を続けてかまわない。そして3度目に同じようなことをしていると気づいたならば、そこでリファクタリングをする。

多くのチームは、新しい機能を提供することによって最もよく突き動かされ、見返りを与えられる。コード品質と進化可能性の側面は、チームにとってそれを優先される場合にのみ考慮される。進化的アーキテクチャを気に掛けるアーキテクトは、チームが進化可能性を助ける設計判断を優先したり、それを促進する方法を見つけたりしているかどうかといった、チームの行動について注意を払う必要がある。

8.2.2 実験の文化

進化を成功させるには、実験が必要だ。しかし、計画に忙しすぎるために実験に失敗する企業も存在する。実験を成功させるとは、小さいアイデア（技術的側面とプロダクトの側面の両方から）を試す習慣的な小さなアクティビティを実行し、うまく行った実験を既存のシステムへと統合することである。

真の成功基準とは、24時間に詰め込める実験の数だ。

——トーマス・エジソン

組織は以下に示す様々な方法で実験を促進することができる。

外部からアイデアを取り入れる

多くの企業が従業員をカンファレンスへと送り、問題をより良く解決する可能性のある新しい技術やツール、方法を見つけることを促進している。その他の企業は、外部からの助言やコンサルタントを新しい考えの源泉として取り入れる。

明確な改善を促す

トヨタは、カイゼンや継続的な改良の文化でよく知られている。全員が絶え間ない改善、それも最も問題へと近づき、解決する力を持った改善を、継続的に追い求めることが期待されている。

スパイクし、安定させる

スパイクソリューションは、チームが難しい技術問題をすばやく習得したり、不慣れなドメインを探求したり、見積の精度を高めるために使い捨ての解決策を作成するというエクストリームプログラミングのプラクティスだ。スパイクソリューションを使うことで、ソフトウェアの品質を犠牲にする代わりに学習速度を上げることができる。スパイクソリューションを本番環境に使いまわしたいとは誰も思わないだろう。なぜなら、それは運用するために必要な考えや時間が不足しているものだからだ。それはうまく設計された解決策ではなく、学習のために作られたものだ。

イノベーション時間を作る

Google は従業員が彼らの時間の 20% を好きなプロジェクトに使うことができる 20% ルールでよく知られている。他の企業ではハッカソン[†1] を組織して、チームが新しいプロダクトや既存のプロダクトの改善を行えるようにしているところもある。Atlassian は ShipIt[†2] という 24 時間のセッションを定期的に開催している。

セットベース開発に従う

セットベース開発は、複数のアプローチを探求することに重点を置く。一見すると、複数の選択肢は余分な作業に見えるためコストに感じるかもしれない。しかし、複数の選択肢を同時に検討することで、チームは最終的に問題をより良く理

---

†1　https://ja.wikipedia.org/wiki/ハッカソン
†2　https://ja.atlassian.com/company/shipit

解し、ツールや方法について実際の制約を見つけることができる。効果的なセットベース開発の鍵は、短い期間（数日未満で）でより具体的なデータや経験を作るためにいくつかのアプローチをプロトタイプすることだ。いくつかの競合する解決策を考慮した後で、より堅牢な解決策が現れることはよくある。

エンジニアとエンドユーザーをつなげる

実験は、チームが仕事の影響を理解した場合にのみうまくいく。実験の精神を持つ多くの企業では、チームとプロダクト側の人間は、最終顧客に対する意思決定の影響を直接確認し、この影響を探る実験を行うことが奨励されている。A/Bテスト[3] は、企業がこの実験の精神に基づいて行うプラクティスの1つだ。企業が実施する別の方法には、ユーザーがソフトウェアとどう相互作用して特定の仕事を達成するかの観察行為に、チームやエンジニアを送り込む方法がある。ユーザビリティのコミュニティから出てきたこのプラクティスは、エンドユーザーへの共感を築くものだ。このプラクティスを実践することで、エンジニアはしばしばユーザーのニーズをより良く理解し、それをよりうまく満たす新しいアイデアを持ち帰る。

8.3　CFOと予算

予算編成などのエンタープライズアーキテクチャにある多くの伝統的な働きは、優先事項が進化的アーキテクチャに変わったことを反映しなくてはならない。過去、予算編成はソフトウェア開発エコシステムの長期トレンドを予測する能力に基づいて行われていた。しかし、本書を通して提示してきたように、動的平衡の基本的性質は予測可能性を破壊する。

実際、アーキテクチャの量子とコストの間には興味深い関係が存在する。量子当たりのコストは、量子の数が増えると下がることになる。その傾向はアーキテクチャがスイートスポットに達するまで見られる。**図8-3** を見てほしい。

図8-3 では、アーキテクチャ量子の増加に伴って、それぞれのコストは減少している。要因はいくつかある。まず、アーキテクチャがより小さい部分から構成されるため、関心の分離はより離散的、定義的になることが挙げられる。第二に、物理的な量子数が増加すると、運用面での自動化が必要になるということが挙げられる。特定の時点を超えると、人が雑用を手作業で処理することはもはや現実的でないからだ。

---

†3　https://ja.wikipedia.org/wiki/A/Bテスト

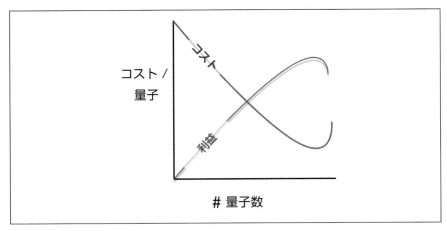

図8-3　アーキテクチャ量子とコストの関係

　しかし、量子をとても小さくすると、せん断数はより重いコストとなる可能性がある。例えば、マイクロサービスアーキテクチャでは、フォームの1つのフィールドの粒度でサービスを構築することが可能だ。そのレベルでは、それぞれの小さな部品間の調整コストがアーキテクチャの他の要素を支配し始める。したがって、極端なグラフでは、量子のせん断数が量子当たりの利点を減らすことになる。

　進化的アーキテクチャでは、アーキテクトは適切な量子サイズと対応する調整コストの間のスイートスポットを見つけようと努力する。このスイートスポットは、全ての企業で異なっている。例えば、積極的な市場の中にいる企業であれば、より速く動く必要があり、したがって、より小さな量子サイズを望む可能性がある。新しい世代が出現する速度はサイクルタイムに比例するため、より小さい量子サイズはより短いサイクルタイムとなる傾向があることを覚えておいてほしい。

　他の企業は、共通の変更をより詳細にモデル化することから、より大きな「アプリケーションの一部」を量子サイズとするサービスベースアーキテクチャ（4章参照）を構築することが現実的だと考えるかもしれない。

　計画を無視するエコシステムと対峙している中では、多くの要因がアーキテクチャとコストの最適な釣り合いを決定する。これは、アーキテクトの役割が拡大したという我々の見解を反映している。アーキテクチャ上の選択は今まで以上に影響を持つようになったのだ。

　現代のアーキテクトは、エンタープライズアーキテクチャについての数十年前の

「ベストプラクティス」ガイドを順守するのではなく、進化可能なシステムの利点とそれに伴う固有の不確実性を理解しなければならない。

8.4　企業規模の適応度関数を構築する

進化的アーキテクチャでは、エンタープライズアーキテクトの役割は**手引き**と**企業規模の適応度関数**を中心に展開される。マイクロサービスアーキテクチャはこのモデルの変化を反映している。運用上、各サービスは他のサービスと疎結合化されているため、リソースの共有は考慮すべき事柄ではない。代わりに、アーキテクトは、アーキテクチャ内の意図的な結合点（サービステンプレートなど）とプラットフォームの選択についての手引きを提供する。エンタープライズアーキテクチャは通常、この共有インフラストラクチャ機能を所有し、企業規模での一貫性を担保するためにプラットフォームの選択肢を制約する。

ケーススタディ：オープンソースライブラリの合法性

ある時、PenultimateWidgets の弁護士は、同社のオープンソースライブラリの法的利用について質問し始めた。彼らは各フレームワークとライブラリのライセンスをじっくりと読み、PenultimateWidgets が問題を引き起こすようなものを使用していなかったことを見極めた。しかし、弁護士の 1 人がこう尋ねた「ライセンス条項に変更があるかどうかを我々はどうやって知ることができるだろうか」。そして、そうしたサービスはなかった。

しかし、法律チームがいったん現在のライブラリを認定すると、開発者はライブラリ内にライセンステキストを配置し、その文字列の変更を常にチェックする**一時的な適応度関数**を作成した。そのおかげで、ライブラリのライセンスが何らかの理由で変更になるたびに、適応度関数が何かが変更されたということを検出する。もちろん、適応度関数はその変更が適切かどうかを判断するのに十分洗練されたものではない。誰かがその作業に取り組む必要がある。しかし、アーキテクトは解決策を自動化できないとしても、注意を促す適応度関数は構築できる。

進化的アーキテクチャが作るもう1つの新しい役割に、エンタープライズアーキテクトが企業規模の適応度関数を定義するということがある。エンタープライズアーキテクトは、通常、スケーラビリティやセキュリティのような企業全体の非機能要件に責任を持つ。多くの組織は、プロジェクト個別あるいは全体がこれらの特性に対してどれくらい取り組んでいるかを自動的に評価する能力が欠けている。プロジェクトが彼らのアーキテクチャの一部を保護するために適応度関数を採用すると、エンタープライズアーキテクトは同じメカニズムを使用して、企業規模で特性が損なわれていないことを検証できる。

各プロジェクトがデプロイメントパイプラインを使用して適応度関数をビルドの一部に組み込むと、エンタープライズアーキテクトは独自の適応度関数もいくつかそこに挿入できる。これによって、各プロジェクトは、スケーラビリティやセキュリティをはじめとする、企業全体の各種関心事を横断して継続的に検証し、欠陥をできる限り早急に発見することができる。マイクロサービスのプロジェクトが技術アーキテクチャの一部を統一するためにサービステンプレートを共有するように、エンタープライズアーキテクトはプロジェクトをまたいで一貫したテストを駆動するために、デプロイメントパイプラインを使用できる。

8.4.1 ケーススタディ：プラットフォームとしての PenultimateWidgets

PenultimateWidgets は、同社のビジネスが軌道に乗ったため、プラットフォームの一部を機器的なものを売る他の業者に販売することにした。PenultimateWidgets プラットフォームの魅力の1つは、実証済みのスケーラビリティ、回復性、パフォーマンス、その他の資産だ。しかし、アーキテクトはプラットフォームを売ることを望まなかった。ユーザーがプラットフォームをまずいやり方で拡張することによって失敗する話を聞くだけだと考えていたからだ。

プラットフォームの重要な特性を保護するため、PenultimateWidgets のアーキテクトは、重要な次元を中心とした適応度関数を組み込んだデプロイメントパイプラインをプラットフォームとともに提供した。重要な特性が水準を保っていることを保証するため、プラットフォームのユーザーはプラットフォームを拡張するときに既存の適応度関数と（希望するなら）彼ら自身の適応度関数を使い、特性を保護していく必要がある。

8.5　どこから始めるか

巨大な泥団子に似た既存のアーキテクチャと過ごしている多くのアーキテクトは、進化可能性をどこから加え始めるかという問題に取り組むことになる。適切な結合やモジュール性の利用は、確かに取るべき最初のステップであるものの、それ以外に優先すべきことがある場合も多い。例えば、データスキーマが絶望的に結合しているなら、DBA がモジュール性を達成する方法を決定することが第一歩となる。ここでは、進化的アーキテクチャを構築するための戦略とその理由を示していく。

8.5.1　低い位置にぶらさがったフルーツ

組織がアプローチを証明するために早い段階での成功を必要とするなら、アーキテクトは進化的アーキテクチャのアプローチを強調する最も簡単な問題を選ぶかもしれない。一般には、すでに高度に疎結合化されているシステムの一部であり、できればいかなる依存関係のクリティカルパスにならないものがこれにあたるだろう。モジュール性を高めて結合を分離することで、チームは適応度関数と漸進的な変更という他の進化的アーキテクチャの側面を実証できる。うまい分離を作り出すことは、より集中的なテストや適応度関数の作成を可能にする。デプロイ可能な単位でのうまい分離は、デプロイメントパイプラインの構築を容易にし、より堅牢なテストを構築するためのプラットフォームを提供する。

メトリクスは漸進的な変更が行われている環境でデプロイメントパイプラインによく付随するものだ。チームが概念実証としてこれに取り組む場合には、開発者はシナリオ前後のメトリクスを収集する必要がある。具体的なデータを収集することは、開発者がアプローチを吟味する最良の方法だ。**実証が議論を打ち負かす**ということわざを覚えておいてほしい。

この「最も簡単なことを最初に」のアプローチは、**容易**に**高い価値**を揃えられるほどチームが十分恵まれている場合を除いて、費用を無駄にするリスクを最小化する。これは、疑い深く、進化的アーキテクチャの水に足元を浸したいと思っている企業にとっては良い戦略だ。

8.5.2　最大限の価値

「簡単なものを最初に」の別のアプローチは「最も価値のあるものを最初に」だ。このアプローチでは、システムの最も重要な部分を見つけ出して、まずそれを中心に

194 | 8章　進化的アーキテクチャの実践

進化的な振る舞いを構築する。企業はいくつかの理由からこのアプローチをとる可能性がある。まず、アーキテクトが進化的アーキテクチャを追及したいと確信しているなら、最も価値の高い部分を選択することは、コミットメントを最初に示すことになる。第二に、これらの考えをまだ評価している途中の企業にとって、彼らのアーキテクトは、これらのテクニックが彼らのエコシステムの中でどのように適応するかについて興味がある可能性がある。したがって、最初に最も価値の高い部分を選ぶことによって、進化的アーキテクチャの長期的な価値を実証できる。第三に、アーキテクトがこれらの考えがアプリケーションに機能するか疑っている場合は、システムの最も重要な部分を介して考えを検証することで、この方法で進めたいかどうかについての実践的なデータが手に入る。

8.5.3　テスト

　多くの企業は、彼らのシステムにテストが不足していることに嘆いている。もし開発者がコードベースの中にテストがなく血の気の引いた自分自身を見つけたなら、進化的アーキテクチャというより野心的な行動を取る前に、いくつかの重要なテストを追加することを決意することになる。

　コードベースにテストを追加するだけのプロジェクトに着手することは、一般的には歓迎されない。管理者は、特に新しい機能の実装が遅れている場合、こうした活動を疑問視する。こういう時にはむしろ、高度な機能テストとモジュール性の増加を組み合わせるべきだ。ユニットテストによる機能のラッピングは、テスト駆動開発（TDD）などの開発プラクティスのための優れた足場を提供するが、コードベースの改修には時間がかかる。その代わり、開発者はコードを再構築する前に、ある種の動作について粗い機能テストを追加して、システム全体の動きが再構築のために壊れないことを確認する必要がある。

　進化的アーキテクチャの漸進的な変更という側面にとって、テストは重要なコンポーネントだ。そして、適応度関数はテストを積極的に活用する。したがって、少なくともいくつかのレベルのテストでは、これらのテクニックが可能で、テストの包括性と進化的アーキテクチャの実装の容易さとの間には強い相関関係が存在する。

8.5.4　インフラストラクチャ

　新しい能力は、いくつかの企業には遅れてやってくる。一般に、そうしたイノベーションの欠如の犠牲になるのは運用グループだ。機能不全のインフラストラクチャを持つ企業にとって、これらの問題を解決することが進化的アーキテクチャを構築する先駆けとなる可能性がある。インフラストラクチャの問題には多くの形がある。例えば、一部の企業は、全ての運用上の責任を別の会社に委託しているために、彼らのエコシステムの重要な部分を管理していない。DevOps の難しさは、企業間の調整のオーバーヘッドを抱えるとけた違いに大きくなる。

　別の一般的なインフラストラクチャの機能不全は、開発と運用の間にあるファイアウォールだ。それによって、開発者はコードの最終的な実行方法に関しての知見を持たない。この構造は、各サイロが自律的に活動し、部門間の政治が活発な企業によく見られる。

　最後に、一部の組織のアーキテクトや開発者は優れた実践を無視し、結果的にインフラストラクチャ内で膨大な量の技術的負債を作り出す。一部の企業はどこでなにを実行するかやアーキテクチャとインフラストラクチャの間の相互作用のその他の基本的な知識についての良い考えを持っていない。

インフラストラクチャはアーキテクチャに影響を与える

　Neal はかつてユーザー向けのホスト型サービスを運営していた企業のコンサルティングをしていた。同社は多数のサーバー（当時は約 2500 台）を所有し、運用グループ内にサイロを構築していた。ハードウェアをインストールするチーム、オペレーティングをインストールするチーム、アプリケーションをインストールするチーム、といった具合だ。言うまでもなく、リソースを必要とする際、開発は運用のブラックホールへとチケットを投げ込んでいた。そして、その中では、リリースの形になるまでの数週間の間、より多くのチケットが作られ、飛び回っていた。この問題を深刻にしたのは、同社の CIO が 1 年前に退社していて、CFO が役職を兼任していたことだった。もちろん、CFO は主に経費削減に関心があり、単なるオーバーヘッドとみなしているものを近代化しようとはしなかった。

　運用上の弱点を調査する中で、開発者の 1 人が各サーバーが約 5 人のユー

ザーしか収容していないことに言及した。アプリケーションの単純さを考慮すると、それは衝撃的だった。すると、別の開発者がきまり悪そうに、HTTPセッションを伝説的なレベルで悪用してきていて、本質的にはそれを巨大なインメモリデータベースとして扱っているのだと説明した。したがって、各サーバーは少数のユーザーしかホストできなかった。問題は、運用グループがデバッグ目的で実際の本番環境相当の環境を作ることを許していなかったということだ。彼らは、主には政治的な力によって、開発者が本番環境でデバッグ（や広範な監視）を行うことを禁止していた。実際の形をしたアプリケーションと接する能力がない状態では、開発者は徐々に作り出してきた混乱をほどくことはできなかった。

収容の計算をいくらかやり直してみて、同社は 250 台程度にサーバーの台数を少なくしても運用が可能であると突き詰めた。しかし、同社は新しいサーバーの購入やオペレーティングシステムのインストールなどでより忙しくなった。もちろん、大きな皮肉としてはコスト削減案が実際には会社に費用面で大きな負担をかけることになったということだ。

最終的には、悩まされた開発者が独自でゲリラの DevOps グループを作り、従来の運用組織を完全に迂回してサーバー自体の管理を開始した。両者の間では未来をかけた戦いが始まったが、短い期間の中で、開発者はアプリケーションの再構築を進めることとなった。

結局のところ、厄介だが正確なコンサルタントのアドバイスは「ときと場合による！」ということだ。アーキテクト、開発者、DBA、DevOps、テスト、セキュリティ、その他の貢献するものが、進化的アーキテクチャの方に向かう最善のロードマップを最終的に決定できるということだ。

8.5.5 ケーススタディ：PenultimateWidgets における エンタープライズアーキテクチャ

PenultimateWidgets はレガシープラットフォームの主要部分を改良することを検討しており、エンタープライズアーキテクトのチームが、セキュリティ、パフォーマンスメトリクス、スケーラビリティ、デプロイ可能性など、新しいプラットフォーム

が提示すべき全ての優先度をリストしたスプレッドシートを生成した。各カテゴリには 5-20 のセルが含まれていて、それぞれに何らかの仕様基準があった。例えば、動作可能時間（アップタイム）のメトリクスの 1 つは、各サービスが「ファイブナイン」（99.999%）の可用性を示すことを主張していた。全部で、彼らは 62 個の別個のアイテムを特定した。

しかし、彼らはこのアプローチでいくつかの問題を認識した。まず、これら 62 のプロパティをそれぞれプロジェクトで検証するのだろうか。彼らはポリシーを作ることはできるが、誰がそのポリシーを継続的に検証するのだろう。たとえこれら全てを暫定的に手作業で検証したとしても、それはかなりの難題だ。

第二に、システムのあらゆる部分に厳格な可用性ガイドラインを課すことは理にかなっているだろうか。管理者の管理画面が「ファイブナイン」を提供することは重要だろうか。包括的な方針を作成することは、しばしば徹底した過剰性能をもたらす。

これらの問題を解決するために、エンタープライズアーキテクトはその基準を適応度関数として定義し、各プロジェクトの開始時にデプロイメントパイプラインのテンプレートを作成した。デプロイメントパイプライン内で、アーキテクトはセキュリティのような重要な機能を自動的にチェックする適応度関数を作成し、個々のチームに固有の適応度関数（可用性など）を彼らのチームに追加させた。

8.6　将来の展望

進化的アーキテクチャの展望はどんなだろうか。考え方やプラクティスに精通していくにつれ、チームはそれらを通常のビジネスの中に組み込み、これらの考え方を使って、データ駆動開発のような新しい可能性を整備し始める。

より難しい種類の適応度関数を中心に多くの作業を行う必要があるものの、組織が問題を解決し、解決策の多くをオープンソース化することによって、進歩はすでに起こっている。アジャイルの黎明期、人々はいくつかの問題は自動化は難しいだろうと嘆いていた。しかし、勇敢な開発者がコツコツと取り組んできたことで、今やデータセンター全体が自動化できるほどに迫っている。例えば、Netflix は概念化に大幅なイノベーションをもたらし、Simian Army のようなツールを構築することで、ホリスティックで継続的な適応度関数をサポートしている（彼らがそう呼んでいるわけではないが）。

以下に有望な領域をいくつか示していく。

8.6.1 AIを使った適応度関数

　徐々に、大規模なオープンソースの人工知能フレームワークが通常のプロジェクトで利用可能になってきている。開発者がソフトウェア開発をサポートするためにこれらのツールの利用の仕方を学ぶにつれ、異常な動作を探すAIをベースにした適応度関数が登場するのではないかと想定している。クレジットカード会社はすでに世界の様々な地域ではほぼ同時に起きた取引にフラグを立てるといったヒューリスティックを適用している。同様に、アーキテクトは、アーキテクチャにおける妙な動作を探すために調査ツールを構築し始めることができる。

8.6.2 生成的テスト

　多くの関数型言語コミュニティで広く受け入れられている共通プラクティスに、**生成的テスト**の考え方がある。従来のユニットテストは、各テストケース内に正しい結果のアサーションが含まれている。しかし、生成的テストでは、開発者は大量のテストを実行して結果を記録すると、統計分析を使用して結果から異常を探し出す。例えば、数値の境界範囲チェックのよくあるケースを考えてみよう。伝統的なユニットテストでは数値が壊れている（ネガティブ、数値サイズの回転など）既知の箇所を検査する。しかし予期しないエッジケースでは反応しない。生成的テストは可能な限り全ての値がチェックされ、破損したエッジケースが報告されることになる。

8.7 なぜやるか（あるいは、なぜやらないか）

　アーキテクチャにおいても、銀の弾丸は存在しない。それが利益にならない限りは、全てのプロジェクトで進化可能性に追加のコストや労力をかけることはお勧めしない。

8.7.1 企業が進化的アーキテクチャの構築を決断すべきなのはなぜか

　多くの企業は、変更のサイクルが過去数年間で加速していっていることから、前述のForbesの見解の通り、全ての企業がソフトウェアの開発と提供に力を持たなければならなくなっていることを理解している。

予測可能 vs 進化可能

　多くの企業はリソースをはじめとする戦略的な問題について長期的な計画を重視する。企業は明らかに**予測可能性**を評価する。しかし、ソフトウェア開発エコシステムの動的平衡によって、予測可能性は効力を失っている。エンタープライズアーキテクトは依然として計画をつくるかもしれない。しかし、その計画はいつでも誤る可能性がある。

　すでに落ち着いて確立されている業界の企業でさえ、進化できないシステムによる危機を無視すべきではない。タクシー業界は以前は世紀をまたぐ国際的な業界だった。しかし、変化するエコシステムの影響を理解し、それに反応したカーシェアリング企業によってその立場は揺さぶられた。イノベーションのジレンマ[†4] として知られる現象は、よりアジャイルなスタートアップがエコシステムのより良い変化に対処するにつれて、十分に確立された市場にいる企業が失敗する可能性が高いことを予測している。

　進化可能なアーキテクチャの構築には、追加の時間と労力がかかる。しかし、企業が大きな再編なしに市場の実質的な変化に対応できるようになったときに、それは報われることになる。予測可能性は、メインフレームや専用の運用センターがあったノスタルジックな時代へは決して戻らない。開発の世界の高度に激変する性質は、ますます全ての組織を漸進的な変更の方へと押しやっている。

スケール

　しばらくの間、アーキテクチャのベストプラクティスは、リレーショナルデータベースをバックエンドにしたトランザクションシステムを構築し、データベースの多くの機能を使用して調整を取り扱うことだった。そのアプローチの問題はスケーリングにある。バックエンドのデータベースをスケールすることは難しくなる。多くの耐ビザンチン故障技術がこの問題を緩和するために生まれたが、それは規模の根本的な問題である結合への絆創膏でしかなかった。アーキテクチャのいかなる結合点も最終的にはスケールを妨げ、データベースでの調整に頼ることは最終的には壁へとぶち当たることになる。

　Amazon はこの厳しい問題に直面した。元のサイトは、モノリシックなフロントエンドがデータベースを中心にモデル化されたモノリシックなバックエンドとつながれ

[†4]　https://ja.wikipedia.org/wiki/イノベーションのジレンマ

200 | 8 章　進化的アーキテクチャの実践

た設計になっていた。トラフィックが増加すると、データベースを拡張する必要が出てきた。ある時点でデータベースのスケールは限界へと達し、サイトはパフォーマンスが低下し、全てのページ読み込みが遅くなった。

　Amazon は全てを 1 つのもの（リレーショナルデータベース、エンタープライズサービスバスなど）に結合することが最終的にスケーラビリティを制約することに気が付いた。彼らは、アーキテクチャを不適切な結合を排除するよりマイクロサービスなスタイルに再設計することで、全体的なエコシステムをスケール可能にした。

　そうした疎結合水準の副次的な利点は、進化可能性の向上だ。本書を通して説明してきたように、不適切な結合は進化にとって最大の難題となる。スケーラブルなシステムを構築することは、進化可能なシステムにも対応する傾向がある。

高度なビジネス機能

　多くの企業は、Facebook や Netflix をはじめとする最先端のテクノロジー企業に羨望を感じている。そうした企業は洗練された機能を持っているからだ。漸進的な変更は、仮説駆動開発やデータ駆動開発といったよく知られたプラクティスを可能にする。多くの企業では、多変量テストによって彼らのフィードバックループにユーザーを組み込むことに憧れている。高度な DevOps の多くを実践するための主要な構成要素は、進化可能なアーキテクチャだ。例えば、コンポーネントの結合が高いと A/B テストを実行することは難しく、それは関心の分離をより難しくする。一般に、進化的アーキテクチャは予測不能で避けられない変化に対するより良い技術的応答性を企業に与える。

ビジネスメトリクスとしてのサイクルタイム

　「3.1.2　デプロイメントパイプライン」では、デプロイメントパイプラインの少なくとも 1 つのステージでは手動プルを行う**継続的デリバリー**と、成功すると全てのステージが自動的に次のステージへ昇格する**継続的デプロイメント**の区別を行った。継続的デプロイメントを実現するには、かなりの量のエンジニアリングの洗練が必要となる。なぜ企業はそれほどまで遠くに行くのだろうか。

　その理由は、サイクルタイムがいくつかの市場でビジネスの差別化要因となっているからだ。いくつかの大規模で保守的な組織は、ソフトウェアをオーバーヘッドとして捉え、コストを最小限に抑えようとする。対照的に、イノベーティブな企業はソフ

トウェアを競争上の優位性とみなす。例えば、もし AcmeWidgets がサイクルタイムが 3 時間のアーキテクチャを作成し、PenultimateWidgets が依然として 6 週間のサイクルタイムだったとすると、AcmeWidgets は有効に使える利点を持つことになる。

主に競争の激しい市場にいる多くの企業が、サイクルタイムを第一級のビジネスメトリクスとしている。全ての市場は、最終的にここが競争の場となる。例えば、1990 年代初めには、いくつかの大企業が手動ワークフローをソフトウェアを介した自動化に積極的に取り組み大きな利点を得て、全ての企業が最終的にその必要性を認識した。

量子レベルでアーキテクチャ特性を分離する

伝統的な非機能要件を適応度関数として考え、十分にカプセル化されたアーキテクチャ量子を構築することで、アーキテクトは量子ごとに異なる特性をサポートできる。これは、マイクロサービスアーキテクチャが持つ利点の 1 つだ。各量子の技術アーキテクチャが他の量子と疎結合になっているため、アーキテクトは異なるユースケースに対して異なるアーキテクチャを選択できる。例えば、小さなサービスの開発者は、漸進的な追加を許容する小さなコアをサポートしたいために、サービスにマイクロカーネルアーキテクチャを選択するかもしれない。別のチームの開発者は、スケーラビリティに関心があることから、サービスにイベント駆動アーキテクチャを選択するかもしれない。もし両方のサービスがモノリスの一部だったとしたら、アーキテクトは両方の要件を満たすためにトレードオフを行わなくてはならない。小さな量子レベルで技術アーキテクチャを分離することによって、アーキテクトは、競合する優先順位のトレードオフを分析するのではなく、1 つの量子の主要な特性に自由に集中することができる。

8.7.2　ケーススタディ：PenultimateWidgets における選択的なスケール

PenultimateWidgets には、スケールの必要がないために単純な技術スタックで書かれているいくつかのサービスがある。しかし、数個のサービスは突出していた。Import サービスは、会計システムのために毎晩、実際の店舗から在庫金額をインポートする必要がある。したがって、開発者が Import サービスに構築したアーキテクチャ特性や適応度関数には**スケーラビリティ**や**回復性**が含まれており、サービスの技術アー

キテクチャはとても複雑になっていた。MarketingFeed という別のサービスは、通常、毎日の売上とマーケティング情報の更新を取得するために開店時に各店舗から呼び出される。MarketingFeed は運用の観点では、店舗がタイムゾーンを超えて開店するために、集中的な要求を処理できる弾力性が必要だった。

高度に結合されたサービスに共通する問題は、不用意な過剰性能だ。より結合されたアーキテクチャでは、開発者はスケーラビリティや回復性、弾力性を全てのサービスに構築する必要があり、それはそれらの能力を必要としないものも複雑にする。アーキテクトは、様々なトレードオフからアーキテクチャを選択することに慣れている。明確に定義された量子境界を持つアーキテクチャを構築することは、必要なアーキテクチャ特性の仕様を要求することを可能にする。

順応 vs 進化

多くの組織は徐々に技術的負債の増加という罠に陥り、必要な変更箇所の再構成を躊躇し、システムと統合点をますます脆弱にする。企業はサービスバスのような接続ツールを使ってこの脆さを解消しようとする。サービスバスを使うことは、既存のシステムを別の設定で使用するよう**順応する**例だ。しかし、これまで強調してきたように、順応の副作用は技術的負債の増加だ。何かを順応させる際には、開発者は元の振る舞いと並んで新しい振る舞いのレイヤを保持する。コンポーネントの順応サイクルが長くなるほど、並行的な振る舞いが増え、より複雑さがまし、戦略性は絶望的になる。

機能トグルの利用は、順応の利点の良い例を示す。開発者は仮説駆動開発を介していくつかの代替案を試すときにトグルを使用して、ユーザーに最も支持されるものをテストする。この場合、トグルによって課せられる技術的負債は、目的のある、望ましいものだ。もちろん、これらの類のトグルに関するエンジニアリングのベストプラクティスは、判断が解決したらすぐにそのトグルを削除するというものだ。

それに対し、**進化する**ことは根本的な変化を意味する。進化可能なアーキテクチャの構築では、適応度関数によって破壊から保護されたその場所で、アーキテクチャを変更することを伴う。最終的な成果は、内部に潜んでいる時代遅れの解決策を増やすことなく、有用な方法で進化し続けるシステムだ。

8.7.3　企業が進化的アーキテクチャの構築を決断すべきでないのはなぜか

我々は進化的アーキテクチャが全ての病気を治す妙薬であるとは決して考えていない。しかし、これらの考えを企業に伝えることには、いくつかの理由がある。

泥団子は進化できない

アーキテクトが無視する主要な「〜性」の1つが**実現可能性**だ。すなわち、チームはこのプロジェクトに着手すべきかどうかということだ。もしアーキテクチャが絶望的に結合された巨大な泥団子なら、それをきれいに進化させることは、ゼロから書き直すよりもはるかに多くの労力を要するだろう。企業は価値があるとわかっているものをしぶしぶ投げ捨てるわけだが、修正はしばしば書き直しよりもコストがかかる。

このような状況にあるかどうかを、企業はどう伝えることができるだろうか。既存のアーキテクチャを進化可能なアーキテクチャに変換するための最初のステップは、**モジュール性**だ。したがって、開発者の最初のタスクは、現在のシステムに存在しているモジュール性を何でもよいので見つけ出し、アーキテクチャをそれを中心に再構築することだ。アーキテクチャの絡み合いがより少なくなれば、アーキテクトが基礎の構造を確認し、再構築に必要な労力についての合理的な決定を下すことがより容易になる。

その他の支配的なアーキテクチャ特性

進化可能性は、アーキテクトが特定のアーキテクチャスタイルを選択する際に考慮しなくてはならない多くの特性のうちの1つにすぎない。競合し合っている中心的な目標を完全にサポートできるアーキテクチャは存在しない。例えば、同じアーキテクチャで高パフォーマンスと高スケールの両方を実現することは難しい。場合によっては、他の要因が進化的な変化を上回る可能性がある。

ほとんどの場合、アーキテクトは幅広い一連の要件にあったアーキテクチャを選択する。例えば、アーキテクチャは高い可用性、セキュリティ、スケールをサポートする必要がある。これは、モノリスやマイクロサービス、イベント駆動といった一般的なアーキテクチャパターンへとつながる。しかし、**ドメイン固有アーキテクチャ**として知られるアーキテクチャ群は、1つの特性を最大化しようとする。

ドメイン固有アーキテクチャの優れた例は、カスタム取引ソリューションの

LMAX[5] だ。彼らの主な目標は、トランザクション処理の高速化だった。彼らはうまくいかなかった様々な手法を試し、最終的に、最も低レベルで分析することによって、スケーラビリティの鍵を発見した。それは、彼らのロジックを CPU キャッシュに収まるくらいに小さくし、ガベージコレクションを防ぐために全てのメモリを事前に割り当てるということだった。そうして、彼らのアーキテクチャは、1 つの Java スレッドでなんと毎秒 600 万件のトランザクションを実現した。

特定の目的のために構築したアーキテクチャを、他の関心事に対応するために進化させようとすることは困難を引き起こすだろう（開発者が並外れて幸運に恵まれ、アーキテクチャ上の関心事が重ならないかぎり）。したがって、ほとんどのドメイン固有アーキテクチャは、特定の目的が他の関心事に優先するために、進化には関与しない。

犠牲的アーキテクチャ

Martin Fowler は、捨てることを前提に設計されるアーキテクチャを犠牲的アーキテクチャ[6] と定義した。多くの企業は、市場を調査したり実行可能性を証明したりするために、最初に単純なバージョンのシステムを構築する必要がある。そして、それが実証されたなら、明らかになった特性をサポートするために実際のアーキテクチャを構築することができる。

多くの企業はこれを戦略的に行う。市場をテストするために**実用最小限の製品**を作成するとき、企業はしばしば市場の賛同が得られた後でより堅牢なアーキテクチャを構築することを予期しながら、この種のアーキテクチャを作成する。犠牲的アーキテクチャの構築は、アーキテクトがそれを進化させるのではなく、適切な時がきたらそれをより永続的なものへと取り換えるということを意味している。各種のクラウドサービスは、新しいマーケットや提供の実現可能性を試す企業にとって、このスタイルを魅力的な選択肢にしている。

ビジネスをまもなく閉じることを計画している

進化的アーキテクチャは、変化するエコシステムの力にビジネスが適応するのを助けるものだ。もし会社が 1 年後にはビジネスをたたむつもりなら、アーキテクチャ

---

†5　https://martinfowler.com/articles/lmax.html
†6　https://martinfowler.com/bliki/SacrificialArchitecture.html（日本語訳：http://bliki-ja.github.io/SacrificialArchitecture/）

に進化可能性を作りこむ理由はない。

いくつかの会社はこの立場にあるものの、まだそれを現実化していない。

8.7.4　他者の説得

アーキテクトや開発者は、専門的な知識のないマネージャーや同僚に進化的アーキテクチャのようなものの利点を理解させるのに苦闘している。これは特に、必要な変更によってほとんど混乱に陥っている組織の一部に対して当てはまる。例えば、運用グループに彼らの仕事が間違っていることを教える開発者は、通常は抵抗にあうことだろう。

6章ではこの問題に対する最善の解決策を紹介した。組織の中の慎重な人々を**説得**する代わりに、これらの考え方がどのように自分たちの仕事を改善するかを**実証**しよう。

8.7.5　ケーススタディ：コンサルティング柔道

大手の小売業者と仕事をしていた我々の同僚が、自動化されたマシンプロビジョニングやより良い監視などの、より現代的な DevOps の実践を採用するように、エンタープライズアーキテクトと運用グループを説得しようとしたことがある。しかし、彼女の要請は、「時間がないんで」「私たちのセットアップはとても複雑なので、ここではそのやり方はうまくいかない」という2つのよくあるお断りと共に、聞き入れられることはなかった。

そこで彼女は**コンサルティング柔道**という優れたやり方を利用した。武術としての柔道には、相手の体重を逆手にとる数多くのテクニックがある。コンサルティング柔道とは、特定の痛点を見つけ出し、模範としてその痛点を直すことを伴う。小売業者の痛点は QA 環境だった。QA 環境は十分なものではなかったため、環境を共有したいと思うチームにとって頭痛の種となっていた。ケーススタディを見つけた彼女は、現代の DevOps ツールとテクニックを使って QA 環境を作成する合意を取り付けた。

QA 環境を完成させると、彼女は以前言われた前提の両方が誤りであることを実証した。いまや QA 環境を必要とする全てのチームが QA 環境を普通にプロビジョニングできる。明白な価値により、彼女の努力は、現代的なテクニックにもっと十分に投資するよう運用を納得させることへと結びついた。模範を見せることは議論を破るのだ。

8.8　ビジネスケース

　ビジネス側の人々は、野心的な IT プロジェクトに対ししばしば警戒を示す。それが高価な再配管作業のように聞こえるからだ。しかし、多くの企業は、望ましい能力はより進化的なアーキテクチャに基づいていると理解している。

8.8.1　「未来はすでにここにある」

　　未来はすでにここにある。単に均等に分配されていないだけだ。

　　　　　　　　　　　　　　　　　　　　　　——ウィリアム・ギブスン

　多くの企業は、ソフトウェアを暖房設備のような単なるオーバーヘッドと捉えている。ソフトウェアアーキテクトが、そうした企業の経営幹部とソフトウェアのイノベーションについて話すとき、彼らはアーキテクトのことをかなり高価なオーバーヘッドを売りつけに来た配管業者のように見ている。しかし、ソフトウェアが持つ戦略的な重要性についての、そうした時代遅れの見方は疑問視されている。前述の見方によって、ソフトウェア購入の決裁権をもつ意思決定者は、制度によって保守的になる傾向があり、イノベーションよりもコスト削減を重視する。エンタープライズアーキテクトは、同じエコシステム内の他の企業の動きを見て、これらの決定にどうアプローチするかを確認するという、望ましくない理由からこの誤りを作り出してしまう。しかし、そうしたやり方は危険だ。なぜなら現代のソフトウェアアーキテクチャを持つ破壊的な企業は、より優れた情報技術を持っているために、既存の企業の領域に入り込んできて突如支配的になるからだ。

8.8.2　壊すことなく素早く動く

　ほとんどの大企業は、組織が変化するペースに不満を抱いている。進化的アーキテクチャを構築することの副作用の 1 つは、より良いエンジニアリング効率に現れる。我々が**漸進的な変更**に分類する全ての開発プラクティスは、自動化と効率性を改善するものだ。トップレベルのエンタープライズアーキテクチャの関心事を適応度関数として定義することは、異なる関心事を 1 つの傘の下に統合し、開発者に客観的な成果を考えるよう強制する。

　進化的アーキテクチャを構築することは、チームが自信をもってアーキテクチャレベルで漸進的な変更を行っていけることを意味している。2 章では、他の発見されて

いないバグを明らかにしながらも後戻りをしないアーキテクチャの基礎的構成要素を持つ GitHub の事例を紹介した。ビジネスの人々は互換性を破る変更を恐れる。開発者が古いアーキテクチャよりも信頼性の高い漸進的な変更を可能にするアーキテクチャを構築するなら、ビジネスとエンジニアリングの両方が勝利できる。

8.8.3　リスクを減らす

　開発プラクティスを改善することは、リスクを減少させる。進化的アーキテクチャは、漸進的な変更を装って、チームに現代の開発プラクティスを強要する。これは有益な副作用だ。それらの実践がアーキテクチャを壊さず変更することを可能にするものだと開発者がいったん信頼すると、企業はリリースの頻度を増やすことができる。

8.8.4　新しい能力

　進化的アーキテクチャの考えをビジネス側に売り込む最善の方法は、仮説駆動開発のような、新しいビジネスを届ける能力を中心に展開することだ。アーキテクトが技術的な改善について指摘に語ったとすると、ビジネス側の人間はどんよりしてしまうことだろう。彼らの言葉でその影響を語る方がより良いのだ。

8.9　進化的アーキテクチャの構築

　進化的アーキテクチャを構築することについての我々の考えは、テストやメトリクス、デプロイメントパイプライン、その他のインフラストラクチャやイノベーションをサポートする既存の多くのものに基づいて構築されている。我々は適応度関数を使って多様化した概念を統一するための新たな視点を作り出した。我々にとって、アーキテクチャを検証するものは何であれ適応度関数であり、そうした仕組みを全て均一的に扱うことで、自動化と検証が容易になると考えている。

　我々はアーキテクトに、場当たり的な願望ではなく、**評価可能なもの**としてアーキテクチャ特性を考え始め、より回復力のあるアーキテクチャを構築できるようになってほしいと考えている。

　いくつかのシステムをより進化可能なものにするのは容易なことではない。しかし、他に選択肢はない。ソフトウェア開発エコシステムは今後も予期しない場所から新しい考えを引き出し続ける。そうした環境に反応しながら、目標に向けて漸進していける組織こそが、しっかりとした優位性を持つのだ。

参考文献

[1] Jez Humble; Patrick Debois; Gene Kim; John Willis(2016). The DevOps handbook : how to create world-class agility,reliability,& security in technology organizations. IT Revolution Press
『The DevObibps ハンドブック：理論・原則・実践のすべて』ジーン・キムほか（著）、長尾高弘（訳）、日経 BP マーケティング

[2] Donella H. Meadows and Diana Wright (2008). Thinking in systems : a primer. Chelsea Green Pub.
『世界はシステムで動く：いま起きていることの本質をつかむ考え方』ドネラ・H・メドウズ（著）、枝廣淳子（翻訳）、英治出版

[3] Nick Rozanski, Eoin Woods (2012). Software systems architecture : working with stakeholders using viewpoints and perspectives. Addison-Wesley
『ソフトウェアシステムアーキテクチャ構築の原理：IT アーキテクトの決断を支えるアーキテクチャ思考法』ニック・ロザンスキ、オウェン・ウッズ（著）、榊原彰（監訳）、牧野祐子（翻訳）、SB クリエイティブ

[4] Jez Humble and David Farley (2010). Continuous delivery : reliable software releases through build, test, and deployment automation. Addison-Wesley
『継続的デリバリー：信頼できるソフトウェアリリースのためのビルド・テスト・デプロイメントの自動化』Jez Humble（著）、David Farley（著）、和智右桂（翻訳）、高木正弘（翻訳）、KADOKAWA/ アスキードワンゴ

[5] Jez Humble, Joanne Molesky, and Barry O'Reilly (2015). Lean enterprise : how high performance organizations innovate at scale. O'Reilly
『リーンエンタープライズ：イノベーションを実現する創発的な組織づくり』ジェズ・ハンブル , ジョアンヌ・モレスキー , バリー・オライリー（著）、角征典（監訳）、笹井崇司（翻訳）、オライリー・ジャパン

[6] Eric Evans (2004). Domain-driven design : tackling complexity in the heart of software. Addison-Wesley
『エリック・エヴァンスのドメイン駆動設計：ソフトウェアの核心にある複雑さに立ち向かう：ソフトウェア開発の実践』エリック・エヴァンス（著）、今関剛（監訳）、和智右桂（翻訳）、牧野祐子（翻訳）、翔泳社

[7] Sam Newman (2015). Building microservices. O'Reilly
『マイクロサービスアーキテクチャ』Sam Newman（著）、佐藤直生（監訳）、木下哲也（翻訳）、オライリー・ジャパン

[8] Michael T. Nygard (2007). Release it! : design and deploy production-ready software. Pragmatic Bookshelf
『Release it!：本番用ソフトウェア製品の設計とデプロイのために』Michael T. Nygard（著）、でびあんぐる（監訳）、オーム社

[9] Scott W. Ambler, Pramod J. Sadalage (2006). Refactoring databases : evolutionary database design. Addison Wesley
『データベース・リファクタリング：データベースの体質改善テクニック』スコット W. アンブラー（著）、ピラモド・サダラージ（著）、梅澤真史（翻訳）、越智典子（翻訳）、小黒直樹（翻訳）、ピアソン・エデュケーション

[10] Frederick P. Brooks, Jr (1995). The mythical man-month : essays on software engineering. Addison-Wesley
『人月の神話』フレデリック・P・ブルックス , Jr.（著）、滝沢徹（翻訳）、牧野祐子（翻訳）、富澤昇（翻訳）、丸善出版

[11] Goldratt, Eliyahu M. (1990). The haystack syndrome : sifting information out of the data ocean. North River Press
『ゴールドラット博士のコストに縛られるな！：利益を最大化するTOC意思決定プロセス』エリヤフ・ゴールドラット（著）、三本木亮（翻訳）、ダイヤモンド社

[12] Martin Fowler (1999). Refactoring : improving the design of existing code. Addison-Wesley
『リファクタリング：既存のコードを安全に改善する』Martin Fowler（著）、児玉公信（翻訳）、友野晶夫（翻訳）、平澤章（翻訳）、梅澤真史（翻訳）、オーム社

[13] Martin Fowler (2011). Domain-specific languages. Addison-Wesley
『ドメイン特化言語：パターンで学ぶDSLのベストプラクティス46項目』マーチン・ファウラー（著）、レベッカ・パーソンズ（協力）、大塚庸史（翻訳）、坂本直紀（翻訳）、平澤章（翻訳）、大友鮎美（翻訳）、ピアソン桐原

[14] ThoughtWorks Inc.(2008). The ThoughtWorks anthology : essays on software technology and innovation. Pragmatic Bookshelf
『ThoughtWorksアンソロジー：アジャイルとオブジェクト指向によるソフトウェアイノベーション』ThoughtWorks Inc.（著）、オージス総研オブジェクトの広場編集部（翻訳）、オライリー・ジャパン

索 引

数字

11 行のコード	147
2 相コミットトランザクション	113
2 枚のピザ	182

A

Amazon	199
Amazon Web Services（AWS）	97

B

BaaS	97
BPEL	82
Broker	76

C

candidate	49
CatalogCheckout	84
Chaos Monkey	47
control	49
COTS（Commercial off-the-shelf）	124

D

DBA	103, 112, 178
DevOps	5, 179
Docker	5
DropWizard	92

E

eBay	144
Eclipse	74

ESB 駆動 SOA	82, 84
expand/contract パターン	117

F・G・I

FaaS	97
Facebook	56
GitHub	48
IBM	161

J

Java IDE	74
JavaScript	147
JDepend	39, 101
JUnit	39

L

Let's Stop Working and Call It A Success 原則	156
Linux	5
Listing クラス	63

M

Mediator	79
Melvin Conway	14
mobile.de	57
MVP（Minimum Viable Product）	145

N・P・Q

name カラム	109
Netflix	47, 197

索引 | **213**

PenultimateWidgets 8, 16, 30, 33, 43, 52, 58, 109,
　　　　　116, 152, 164, 169, 191, 192, 196, 201
QA.. 45

S

Scientist.. 49
Simian Army 48, 197
SOA.. 81
SoR（System of Record）.................................... 174
SpringBoot 92
Starling 141

T・U

try ブロック 50
Twitter... 144
UNDO 機能 105
use ブロック 50

あ行

アーキテクチャ ....
　アーキテクチャ上の関心事...................... 11, 28, 46
　アーキテクチャ量子............................... 60, 62, 189
　移行 126
　改良 122
　構成要素 37
　次元 10
　特性を分離 201
アーキテクト 178
アップグレード中断テスト 27
アプリケーションサービス 83
アンチパターン 155, 156, 160, 162, 166, 173
移行手順 127
依存関係管理ツール.. 150
一枚岩 67
イベント駆動アーキテクチャ.................................... 76
イミュータブルインフラストラクチャ 135
インフラストラクチャ... 195
　インフラストラクチャサービス 83
運用担当者 178
エンジニア文化.. 186
エンジニアリングセーフティネット 184

エンタープライズアーキテクチャ 30, 196
エンタープライズサービスバス（ESB）........... 82, 83
オープンソースライブラリ 191

か行

開発プラクティス 123
外部依存関係... 146
回復性 201
外部変化.. 182
可逆可能な判断 138
カスタマイズ 172
仮説駆動開発... 55, 56, 57
ガバナンス 166
関心事の独立と分離.. 69
技術スタック 157
技術的負債 140
犠牲的アーキテクチャ 144, 204
既知の未知.. 139
機能横断型チーム 177
機能的凝集.. 60, 122
機能トグル 45, 137, 138
逆コンウェイ戦略 16, 120
境界づけられたコンテキスト................. 60, 61, 84, 91
グリーンフィールドプロジェクト 121
継続的 ....
　継続的インテグレーション 41
　継続的デプロイメント 200
　継続的デリバリー.................... 41, 90, 119, 150, 200
　継続的なアーキテクチャ 7
　継続的なテスト 25
経年劣化... 7
結合より重複を選ぶ.. 163
原始抽象の浸出 158
交差テーブルを追加.. 115
コード再利用の乱用 162
コスト 189
　運用面と金銭面 5
コネクション 184
ゴルディロックスガバナンス................................. 169
コンウェイの法則 14
コンコルド効果.. 175

コンサルティング柔道 205
コンシューマ駆動契約 90, 183
コンポーネント 59, 64
　コンポーネント結合 122
　コンポーネント循環 100
　サービス 60

さ行

サードパーティのコード 146
サーバーレスアーキテクチャ 96
サービス ....
　コンポーネント 60
　サービス境界 130
　サービス指向アーキテクチャ（SOA）.............. 81
　サービスディスカバリ 133
　サービステンプレート 92, 142, 143
　サービスに分離 131
　サービスベースアーキテクチャ 94, 128
サイクルタイム 170, 171, 200
再構築 124
最終責任時点 140, 141
再利用 162, 164
作業するのをやめて、それを成功と呼ぼう原則 .. 156
漸進的な変更 8, 66, 68, 69, 72, 75, 78, 80,
　　　　　　　　　　　85, 91, 95, 98, 125, 166, 206
　開発と運用 33
サンフランシスコプロジェクト 161
次元 10, 11, 13, 119, 120
実験の文化 187
実装ビュー 12
実用最小限の製品 145
ジャストインタイム 141
順応 18, 202
商用オフザシェルフ 124
進化 17, 202
　進化可能 7, 139, 199
　進化的アーキテクチャ 3, 8, 17, 207
　進化的データベース設計 103
スキーマの進化 104
スケーラビリティ 201
スケール 199

選択的スケール 201
スナップショットビルド 150
スノーフレーク 135
　危険性 137
　スノーフレークサーバー 135
スパイクソリューション 189
スプレッドシート 30
〜性 3, 11
請求書発行サービス 52
生成的テスト 198
セカンドシステムシンドローム 145
説得 205
セットベース開発 189
組織 177
ソフトウェアアーキテクチャ 6
　〜性 3

た行

チーム 177, 185
　メンバー間の結びつき 184
抽象化 ....
　欠如 157
　乱れ 140
ツールチェイン 112
データ ....
　データ駆動開発 55
　データ結合 112
　データの年齢と質 115
データベース ....
　共有データベース統合 106
　データベース開発者 15
　データベーススコープ 94
　データベース設計 103, 104
　データベーストランザクション 114
適応度関数 9, 19-23, 28, 52, 120, 123
　AIを使った 198
　アーキテクチャ上の関心事 46
　アトミック 24
　一時的な 27
　カテゴリ 29
　企業規模 191

自動 26, 120	ブルーグリーンデプロイメント 138
手動 26	プルモデル 148
静的 25	フレームワーク 148
動的 26	ブローカー 76
トリガー式 25	プログラミング言語 5
マッシュアップ 46	プロセス（並行性）ビュー 12
見直す 30	プロダクト 181
ホリスティックな 24	フロントエンド開発者 15
適切な結合 66, 68, 70, 72, 75, 79, 81, 85,	文化 185
91, 92, 96, 98, 122, 125, 143	並列変更 111
不適切なデータ結合 111	ベロシティ 171
テスト 198	ベンダー 112
テスト可能性 39	ベンダーキング 155
テスト担当者 178	保護 7
デプロイメントパイプライン 40, 41, 43, 53, 120	星評価 34, 152
デプロイメント目標 130	
統合ミドルウェア 95	**ま行**
動的 4	マイグレーションツール 104
ドメイン 86	マイクロカーネルアーキテクチャ 73, 74
ドメイン駆動設計（DDD）.................................. 60	マイクロサービスアーキテクチャ
ドメイン固有アーキテクチャ 203	.... 61, 86, 88, 114, 168
トランザクション 113, 130	埋没費用効果 175
トレードオフ 3, 20	未知の未知 27, 38, 121, 139
泥団子 65, 203	無共有アーキテクチャ 34, 89, 90, 91, 142
	無限後退問題 161
な行	メタ作業 126
内部解決 151	メディエーター 79
ナンバリングによるバージョン付け 151	目標の衝突 52
	モジュール 59
は行	モジュール式モノリス 70
配置ビュー 12	モジュール相互作用 130
パイプライン 43	共有モジュールの移行 130
バックエンド開発者 15	モニタリング駆動開発（MDD）........................... 25
パッケージの循環依存 100	モノリシック ....
非構造化モノリス 67	Listing 63
ピザ（2枚の）... 182	モノリシックアーキテクチャ 67
ビジネス 123, 130, 133, 172, 200, 206	モノリシックアプリケーション 128
ビジネスアナリスト 177	モノリス 67, 70
ビジネス能力を中心とした組織化 180	
評価可能なもの 207	**や行**
腐敗防止層 139, 140	誘導的な変更 9

ユビキタス言語 63
予算 189
予測可能 199

ら行

ライブラリ 59, 64
　アップデート 148
リファクタリング 116, 124, 187

量子 60, 64, 99, 201
リレーショナルデータベース 106
ルーティング 117, 153
レイヤ化アーキテクチャ 7, 68
レジュメ駆動開発 165
レポート機能 173
論理ビュー 12

● 著者紹介

Neal Ford（ニール・フォード）

ThoughtWorks のディレクター、ソフトウェアアーキテクト、Meme Wrangler（役職名。情報・文化の遺伝子体現者の意）。ThoughtWorks は、IT 業界を一新してポジティブな社会変革をもたらすことを求めつつ、困難な課題に対処する技術を届けるために革新的に考えるソフトウェア会社であり、情熱的で目的志向の人々によるコミュニティでもある。ThoughtWorks に加わる前には、ソフトウェアのトレーニングと開発で全国的に知られる The DSW Group, Ltd. で CTO を務めていた。ジョージア州立大学にてコンピュータサイエンスの学位を取得。専門は言語とコンパイラ。副専攻は数学で、数学の専門は統計分析。ソフトウェア開発とソフトウェアデリバリーに関する専門家として国際的に知られている。特にアジャイルなエンジニアリング技術とソフトウェアアーキテクチャが交わる領域を専門とする。

雑誌記事や 7 冊の書籍、数十のビデオプレゼンテーションの著者として、世界中の何百という開発者のためのカンファレンスで講演を行っている。著作のテーマには、ソフトウェアアーキテクチャ、継続的デリバリー、関数型プログラミング、最先端のソフトウェアイノベーション及び技術プレゼンテーションの改善に関する書籍やビデオなどが含まれる。コンサルティングの専門は、大規模なエンタープライズアプリケーションの設計と構築。Web サイトは nealford.com。

Rebecca Parsons（レベッカ・パーソンズ）

ThoughtWorks の最高技術責任者（CTO）。幅広い業界やシステムにおいて数十年にわたるアプリケーション開発の経験を持つ。大規模分散オブジェクトアプリケーションの作成や、複数システムの統合、アーキテクチャチームとの協働といった技術的経験を持つ。技術に対する深い情熱とは別に、テクノロジー業界の多様性を強く支持している。

ThoughtWorks に加わる前は、セントラルフロリダ大学のコンピュータサイエンスの助教授として、コンパイラ、プログラム最適化、分散計算、プログラミング言語、計算理論、機械学習、計算生物学といったコースを教えていた。また、ロスアラモス国立研究所の博士研究員として、並列分散計算、遺伝的アルゴリズム、計算生物学、非線形動的システムなどに関して研究していた。

ブラッドリー大学でコンピュータサイエンスと経済学の理学士号を、ライス大学でコンピュータサイエンスの理学修士号と博士号を取得した。著作に『ドメイン特化言

語』（ピアソン桐原、共著）[13]、『ThoughtWorks アンソロジー』（オライリー・ジャパン、共著）[14] がある。

Patrick Kua（パトリック・クア）
ThoughtWorks の主任テクニカルコンサルタントであり、15 年以上にわたって IT 業界で働いている。技術、人、プロセスをバランスよく融合し、ソフトウェアを届ける効率を向上させることでよく知られる。技術リーダーシップやアーキテクチャ、強力なエンジニアリング文化を構築することに関する話題について、多くのカンファレンスで講演を行っている。

『The Retrospective Handbook: A Guide for Agile Teams and Talking』（Leanpub）と『Talking with Tech Leads: From Novices to Practitioners』（Leanpub）の著者であり、テックリードやアーキテクトの役割へと移行する開発者をサポートするための定期的なトレーニングプログラムを受け持っている。

より詳しい情報は Web サイト thekua.com か Twitter アカウント @patkua で確認できる。

● 訳者紹介

島田 浩二（しまだ こうじ）

1978 年、神奈川県生まれ。2001 年、電気通信大学電気通信学部情報工学科卒業、松下システムエンジニアリング株式会社入社。札幌支社にて携帯電話ソフトウェアの開発業務に従事した後、2006 年に独立。2009 年に株式会社えにしテックを設立し、現在に至る。また、2007 年より Ruby 札幌の主宰などを通じてプログラミング言語 Ruby との関係を深め始め、2011 年からは一般社団法人日本 Ruby の会の理事も務めている。訳書・著書に『エラスティックリーダーシップ — 自己組織化チームの育て方』（翻訳、オライリー・ジャパン）、『Ruby のしくみ』（共訳、オーム社）、『なるほど Unix プロセス — Ruby で学ぶ Unix の基礎』（共訳、達人出版会）、『Ruby 逆引きレシピ』（共著、翔泳社）、『プロダクティブ・プログラマ — プログラマのための生産性向上術』（監訳、オライリー・ジャパン）がある。

● 表紙の動物

表紙の動物はヒユサンゴ（学名：Trachyphyllia geoffroyi Audouin）。「open brain coral（開いた脳サンゴ）」、「folded brain coral（脳のしわサンゴ）」、「crater coral（クレーターサンゴ）」とも呼ばれるこのサンゴはインド洋に生息している。耐寒性で、独特のひだと鮮やかな色彩をもつのが特徴。日中は褐虫藻の光合成産物から栄養を取り、夜は「ポリプ」という体の部分から触手を伸ばし、小さな魚やプランクトンを食べる。サンゴの中には複数の口を持つものもいる。

人目を引く外見を持ち、エサやりが簡単なため水族館で人気が高く、元の生息地である浅瀬の海底に似た砂や沈泥の底層で飼育される。適度に水の流れがあり、エサを生み出す植物や動物が多い場所を好む。IUCN レッドリストの近危急種に指定されている。

進化的アーキテクチャ
──絶え間ない変化を支える

2018 年 8 月 17 日		初版第 1 刷発行
2018 年 11 月 1 日		初版第 2 刷発行
著　　　者		Neal Ford（ニール・フォード）、Rebecca Parsons（レベッカ・パーソンズ）、Patrick Kua（パトリック・クア）
訳　　　者		島田 浩二（しまだ こうじ）
発　行　人		ティム・オライリー
制　　　作		株式会社トップスタジオ
印 刷・製 本		株式会社平河工業社
発　行　所		株式会社オライリー・ジャパン
		〒 160-0002　東京都新宿区四谷坂町 12 番 22 号 Tel　（03）3356-5227 Fax　（03）3356-5263 電子メール　japan@oreilly.co.jp
発　売　元		株式会社オーム社 〒 101-8460　東京都千代田区神田錦町 3-1 Tel　（03）3233-0641（代表） Fax　（03）3233-3440

Printed in Japan （ISBN978-4-87311-856-7）

乱丁、落丁の際はお取り替えいたします。

本書は著作権上の保護を受けています。本書の一部あるいは全部について、株式会社オライリー・ジャパンから文書による許諾を得ずに、いかなる方法においても無断で複写、複製することは禁じられています。